フグ革命！

フグが日本の未来を変える
―フグに魅せられた男・伊藤吉成の挑戦

漫画／松本康史　監修／ミツイ水産

書院

目　次

第一章　フグとの出会い

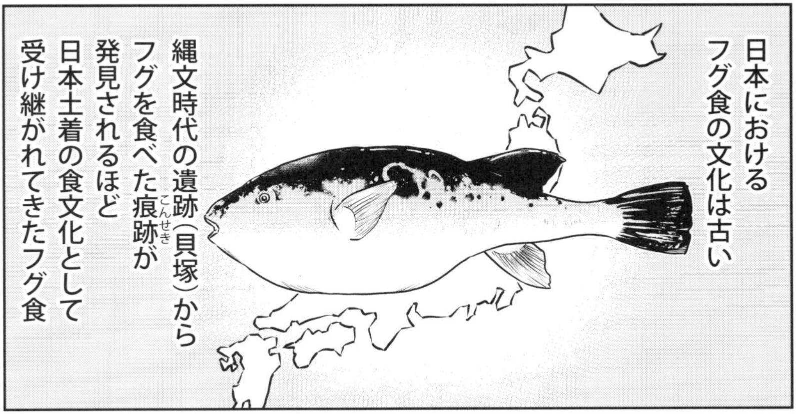
日本における
フグ食の文化は古い
縄文時代の遺跡（貝塚）から
フグを食べた痕跡《こんせき》が
発見されるほど
日本土着の食文化として
受け継がれてきたフグ食

しかし 戦国時代
豊臣秀吉が
朝鮮出兵を行った
「文禄《ぶんろく》 慶長《けいちょう》の役」の
際に
フグを食べて
死亡する兵士が続出

兵が魚で死ぬとは
何事か！
その事実は秀吉の怒りに触れ
フグ食の禁止令が出された!!

しかし 禁止されても
毒があっても
庶民の間では
アレをくれよ
あいよ
フグ料理は密かに
供され続けた
中には釣ったフグを
自分で料理して
それに当たって
死ぬ者もあった
時は流れ 明治政府下でも
フグ食は法で禁止されていたが
1888（明治21）年
のことである
当時の内閣総理大臣 伊藤博文が
日清講和条約にて
下関の料亭に訪れた時のこと
宿泊所であった春帆楼《しゅんぱんろう》
しかし 長い時化で魚がとれず
民衆の間では食べられていたが
禁制だったフグを
女将は打ち首覚悟で
御膳に出した

これはうまい！
これは何という魚だ
フグでございます
フグ！禁制のフグか!?
これはまことに美味!!
伊藤博文はフグの美味しさに感動
「下関のフグに毒なし」として
200年続いたフグ食を
山口県で解禁
以降 フグの解禁は
全国に広がっていった

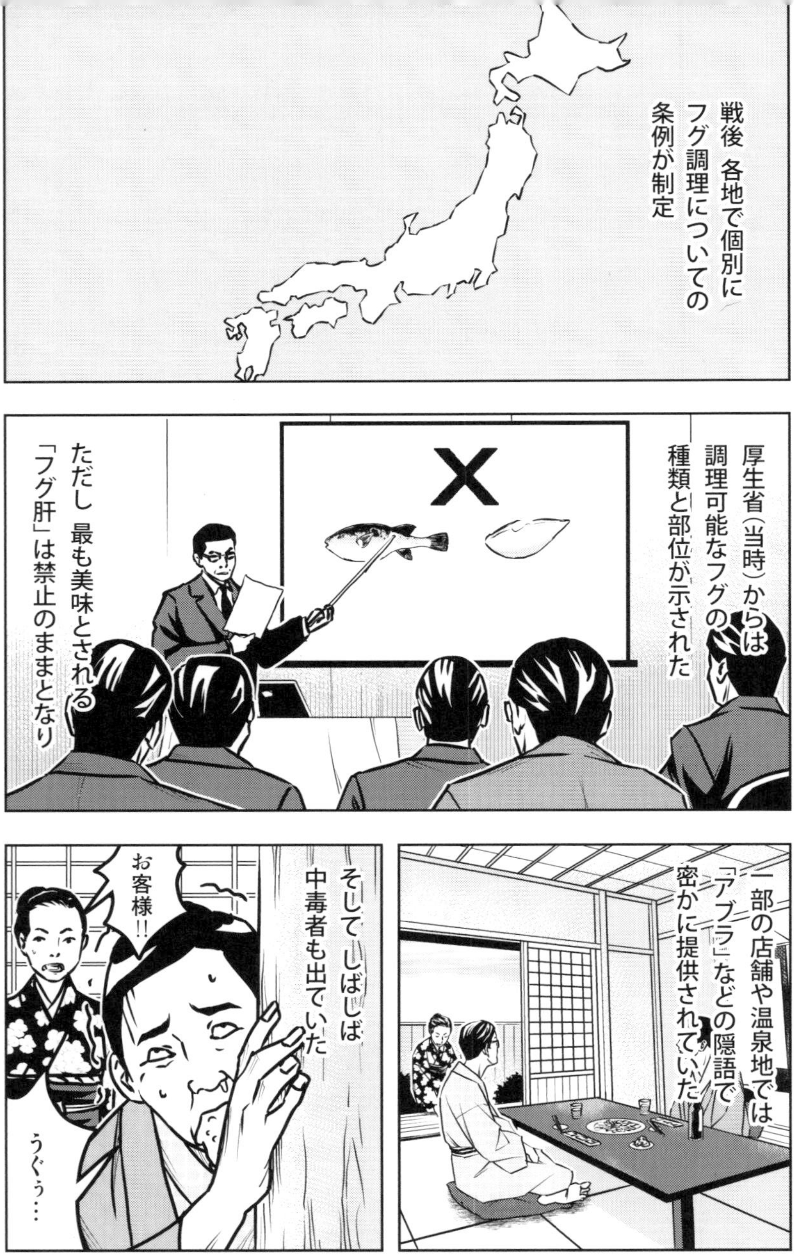
戦後 各地で個別に
フグ調理についての
条例が制定
厚生省（当時）からは
調理可能なフグの
種類と部位が示された
ただし 最も美味とされる
「フグ肝」は禁止のままとなり
一部の店舗や温泉地では
「アブラ」などの隠語で
密かに提供されていた
そして しばしば
中毒者も出ていた
お客様!!
うぐぅ…

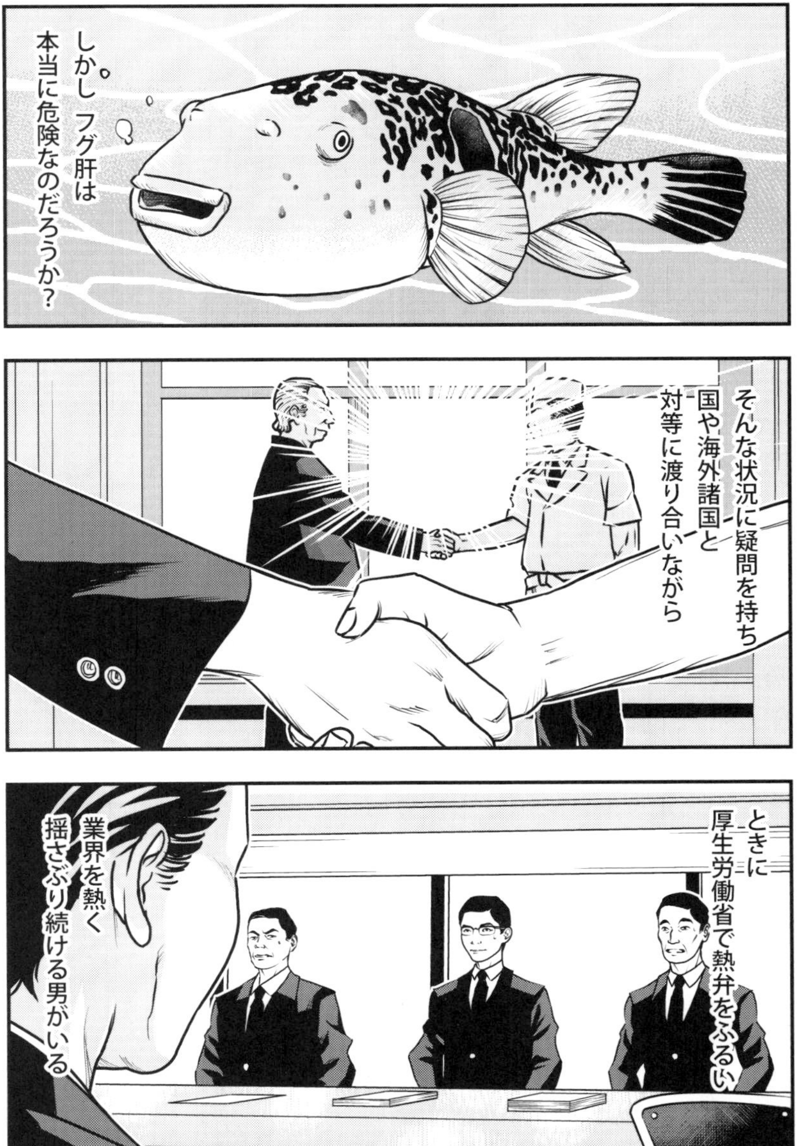
しかし フグ肝は
本当に危険なのだろうか？
そんな状況に疑問を持ち
国や海外諸国と
対等に渡り合いながら
ときに
厚生労働省で熱弁をふるい
業界を熱く
揺さぶり続ける男がいる

九州は宮崎県
ミツイ水産代表
伊藤 吉成《よしなり》である!!
日向灘ふぐ
ミツイ水産
この本では
「フグに魅せられた男」
伊藤の活動を中心に
フグが日本の未来に
何をもたらすかについて
紹介していきたい

1977（昭和52）年
宮崎県延岡《のべおか》市
ブォォォ
腹減らん？
腹減ったね
高校時代の伊藤は
地元の不良グループも
一目おくような
やんちゃな少年だった
ラーメン食いに行くか
いいねぇ！
伊藤 吉成
当時 高校3年生

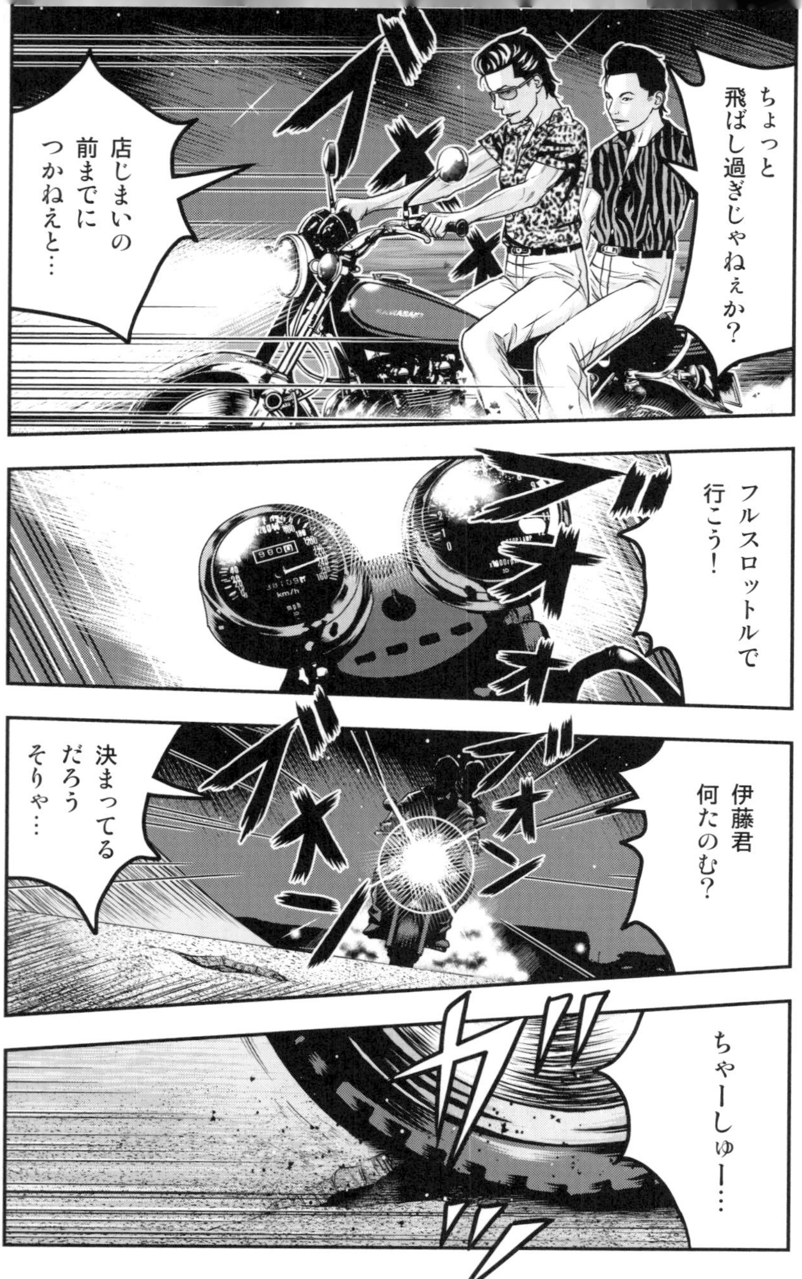
ちょっと飛ばし過ぎじゃねぇか？
店じまいの前までにつかねえと…
フルスロットルで行こう！
伊藤君何たのむ？
決まってるだろうそりゃ…
ちゃーしゅー…

メーーーン!!
みごとに伊藤はとんだ！
高校3年生の伊藤はバイク事故で全身打撲大腿骨《だいたいこつ》骨折という瀕死の重傷を負い
6カ月の入院生活に入った…
大崩山病院

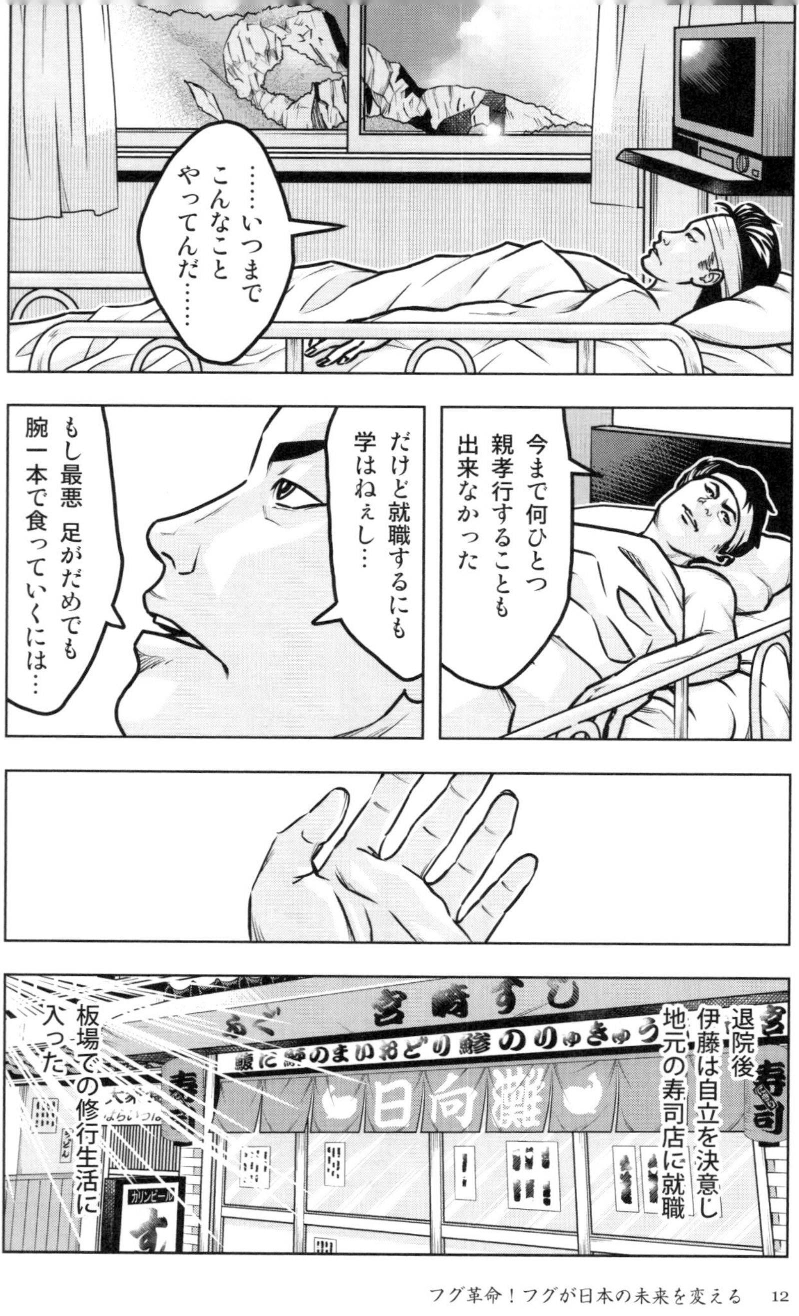
……いつまで
こんなこと
やってんだ……
今まで何ひとつ
親孝行することも
出来なかった
だけど就職するにも
学はねぇし…
もし最悪 足がだめでも
腕一本で食っていくには…
退院後
伊藤は自立を決意し
地元の寿司店に就職
板場での修行生活に
入った
寿司
日向灘
カリンビール

あんな片足
引きずっているような子を…
しかもあの子
左利きじゃないかい
まぁ そういうな
俺が一人前に仕込むから
左利きがだめなら
右利きに変えるまでだ!!

伊藤は事故の後遺症を克服
左利きも右利きに変え
懸命に料理を覚えた
お疲れ様でした
失礼します
おう
明日も頼むぜ!
ブォン
ブォーン
吉成
久しぶり!
おっ!
今度の週末の夜に
みんなで集まって
騒ぐんだ
お前も来いよ!

週末…
悪ィ
週末は夜の仕事が
忙しいんだ
なんだよ
付き合い悪いな
事故って以来
変わったな
じゃあな
おう
ブォン
変わったんじゃねぇ
変わるって決めたんだ!!
今は修行に集中だ!

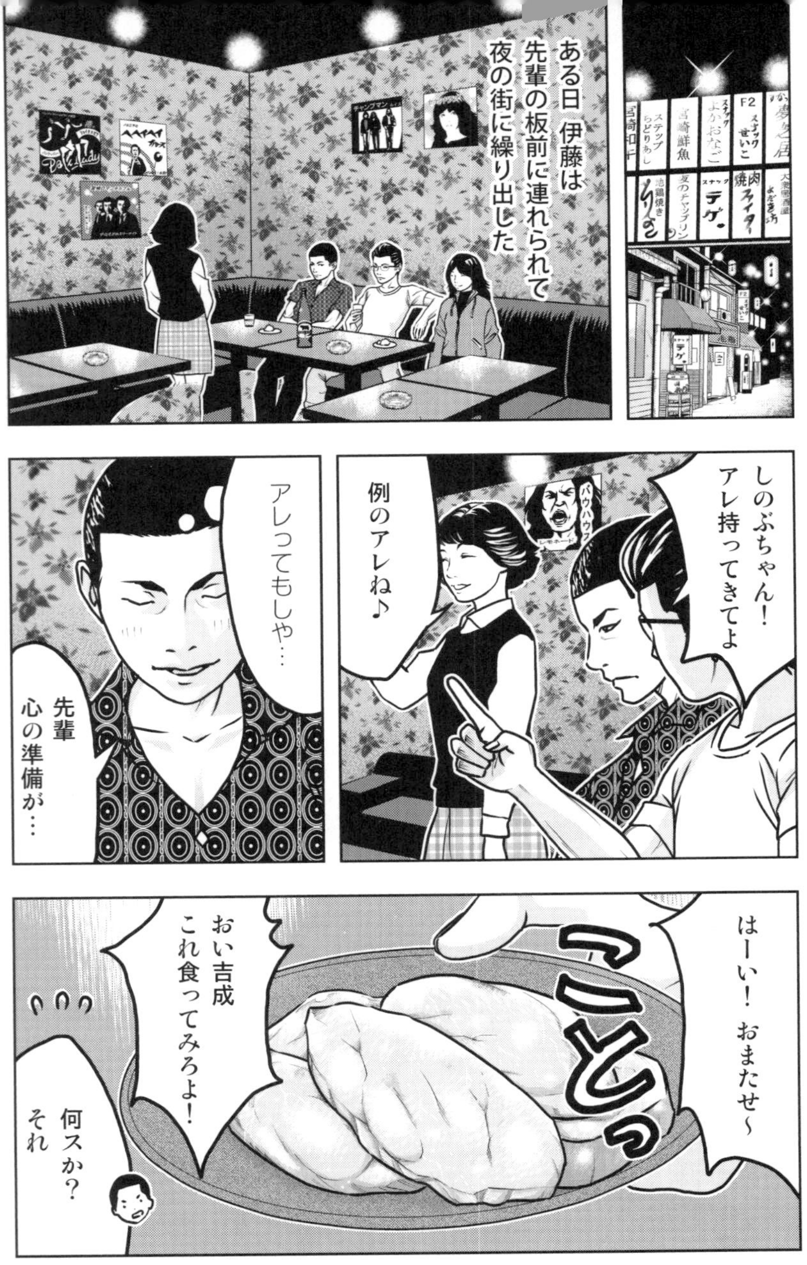
ある日 伊藤は
先輩の板前に連れられて
夜の街に繰り出した
しのぶちゃん！
アレ持ってきてよ
例のアレね♪
アレってもしや…
先輩
心の準備が…
はーい！ おまたせ〜
ことっ
おい吉成
これ食ってみろよ！
何スか？
それ

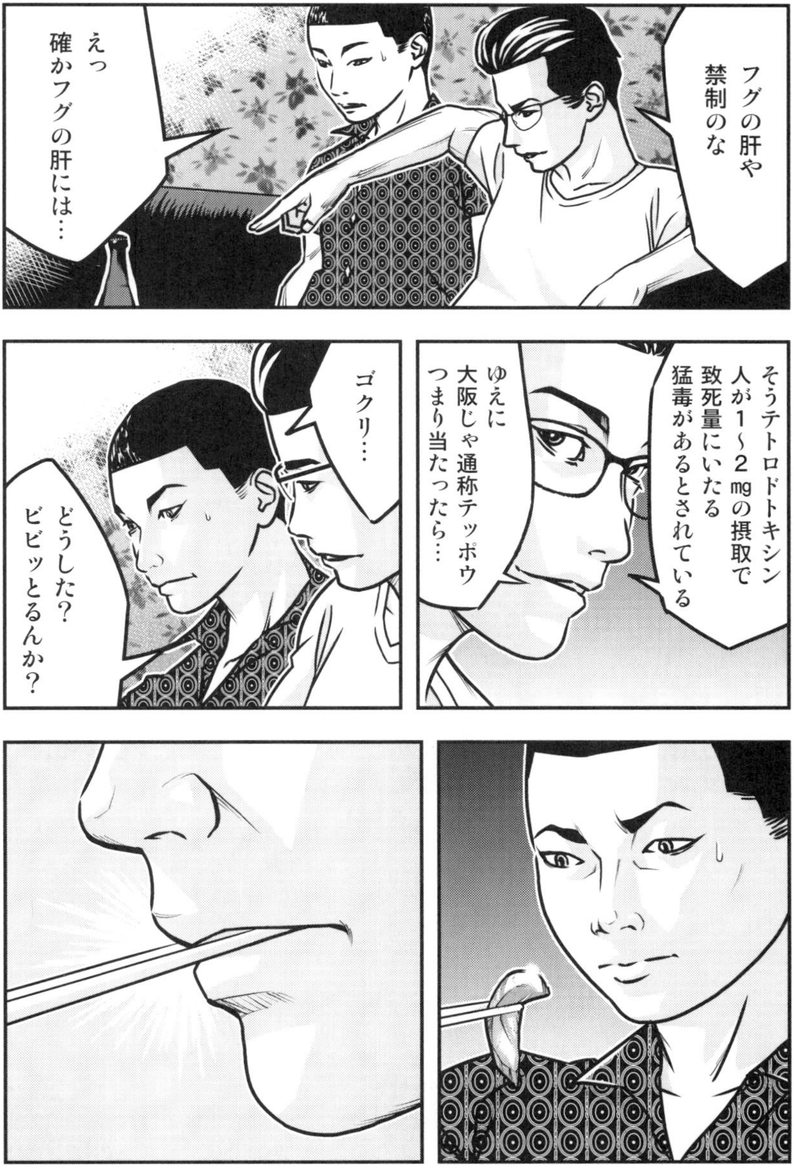
フグの肝や禁制のな
えっ確かフグの肝には…
そうテトロドトキシン人が1～2㎎の摂取で致死量にいたる猛毒があるとされている
ゆえに大阪じゃ通称テッポウつまり当たったら…
ゴクリ…
どうした？ビビッとるんか？

美味い！
おい 俺の分まで食うなよ
はっ
ぱくっ
まさにしびれるうまさや
なぁ 吉成
8時間経っても生きとったら大丈夫や
8時間…

翌朝
吉成…
フグに当たって死ぬなんて…
死んだっ!
ちゅん
ちゅん…
…夢か
フグ肝って
あんなに美味いんだ…

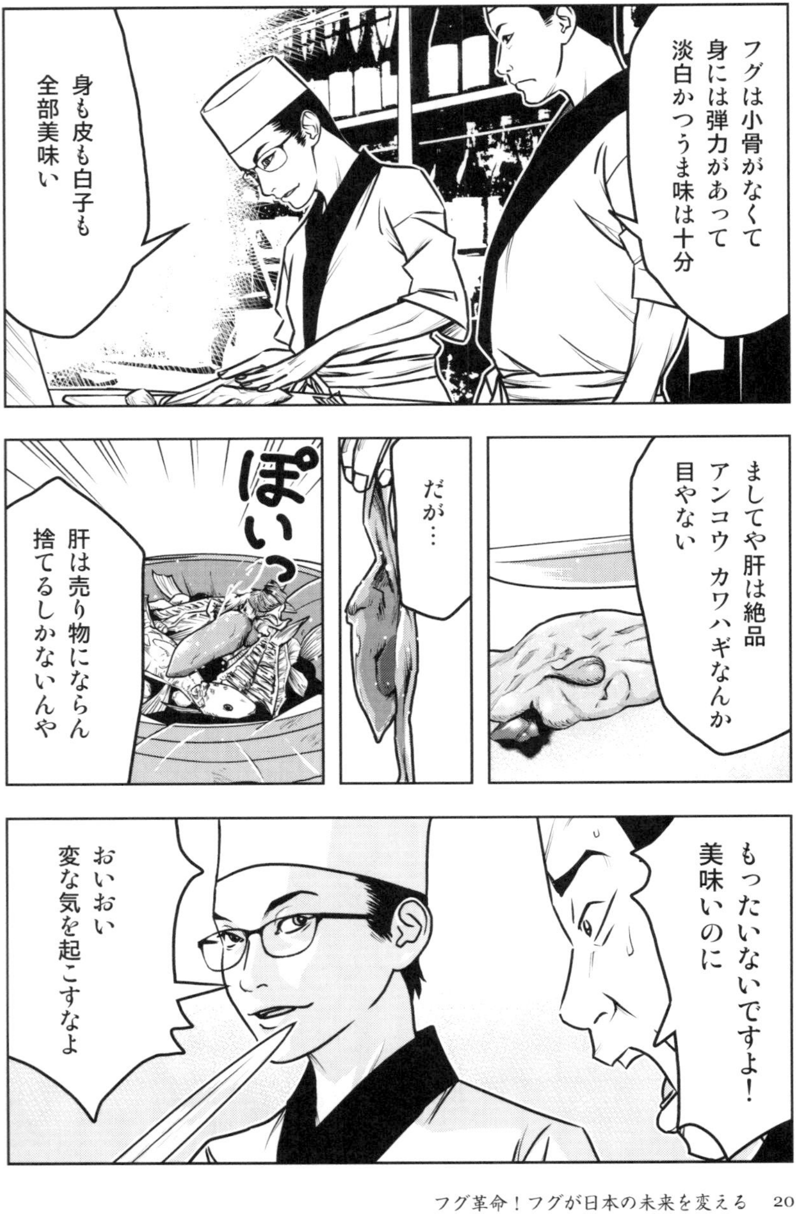

フグは小骨がなくて
身には弾力があって
淡白かつうま味は十分
身も皮も白子も
全部美味い
ましてや肝は絶品
アンコウ　カワハギなんか
目やない
だが…
ぽいっ
肝は売り物にならん
捨てるしかないんや
もったいないですよ！
美味いのに
おいおい
変な気を起こすなよ

なんせ
肝は法律で禁止
ヘタに調理したり
客に出したりしたら
速攻お縄や
だから俺は外でしか
肝を食わんのや
吉成
いつかまた食わしてやるよ
嘘だろ
こんな美味いものが
ゴミだなんて…

フグ肝はご禁制か…
あっ ヒガンバナ
お前も毒を持っているんだよなぁ
昔 母ちゃんに教わったっけ…

母ちゃーん 見つかった?
うん! あったよ
これがセリ 七草粥に入れるの
ふーん
あっ! ここにもあった!
吉成! それはダメ!
こっちはドクゼリ 絶対に食べちゃいけないの
毒…
きれいなスイセンや ヒガンバナにも毒があるの
草花だけじゃなくて 毒のあるキノコも いっぱいあるから 手を出しちゃダメよ

分かった！
自然の中から
学んだこと…
お袋には
色々教わったな…
でも フグの毒は禁止なのに
毒草はなぜ法律で
禁止されないんだろう？

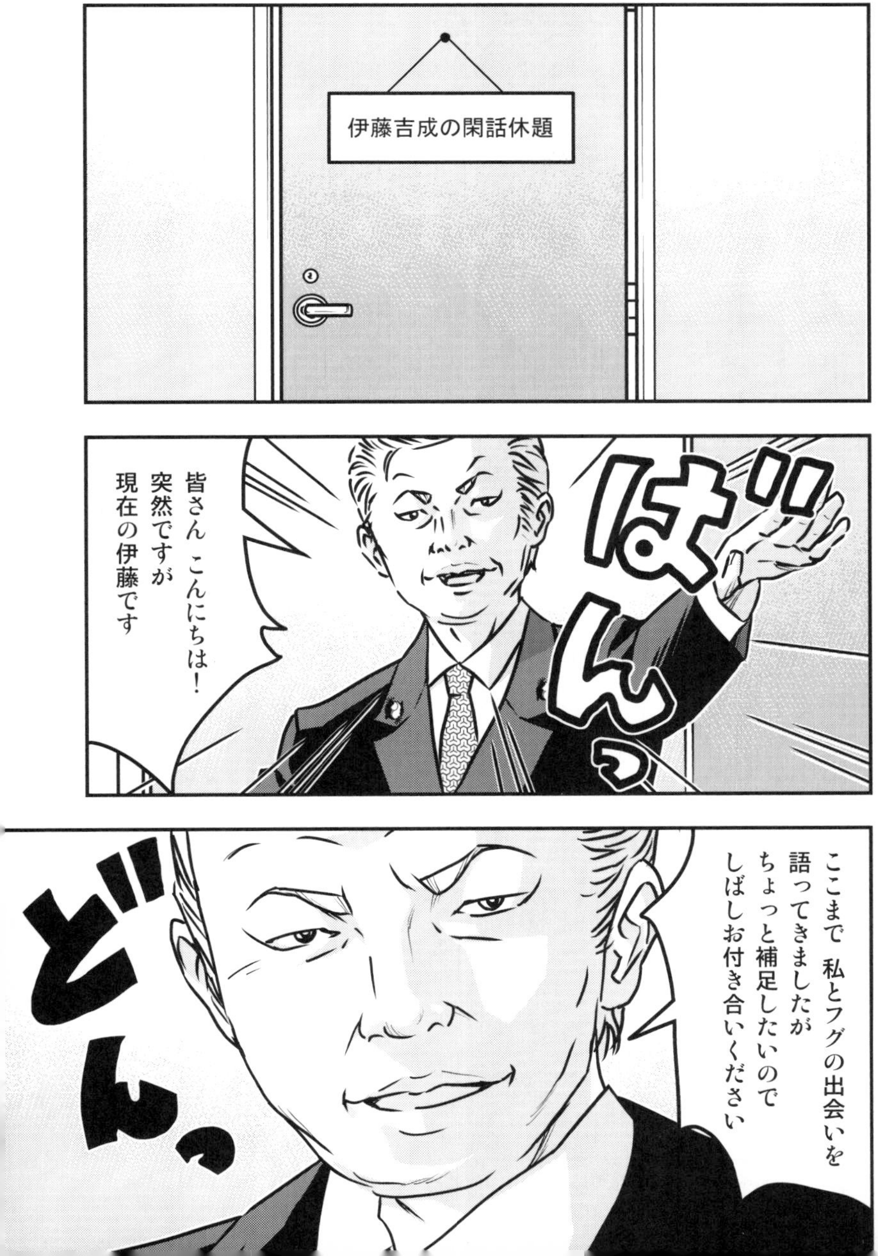

伊藤吉成の閑話休題
ばんっ
皆さん こんにちは！
突然ですが
現在の伊藤です
ここまで 私とフグの出会いを
語ってきましたが
ちょっと補足したいので
しばしお付き合いください
どんっ

少年時代の私が持った疑問
これは今も不可解に
思っていることです
つまり なぜフグだけが
法律による規制の対象なのか?
ということです

おっと危ないっ!
代表的な毒草の
ほんの一部を紹介しましょう

ドクゼリ

猛毒のポリイン化合物(シクトキシン)を含有。めまい、流涎、嘔吐、頻脈、呼吸困難等の症状が現れ、死亡する危険も大きい。

スイセン

アルカロイド(リコリン、タゼチンなど)、シュウ酸カルシウムを含有。悪心、嘔吐、下痢、流涎、発汗、頭痛、昏睡、低体温などを発症する。

イヌサフラン

アルカロイドのコルヒチンを含有。嘔吐、下痢、皮膚の知覚減退、呼吸困難を発症し、重症の場合は死亡することもある。

バイケイソウ

全草に有毒アルカロイドを含有し、加熱しても毒は消えない。誤食すると嘔吐、下痢、手足のしびれ、めまい等の症状が現れ、死亡する危険もある。

例えば毒草ですが
山菜採りに出て
誤って毒草に手を出し
中毒をおこしてしまう人は
後を断ちません
毒

グロリオサ
アルカロイドのコルヒチンを含有。口腔・咽頭灼熱感、発熱、嘔吐、下痢、背部疼痛などを発症、死亡することもある。
チョウセンアサガオ
アトロピン、スコポラミン、ヒヨスチアミンなどのトロパンアルカロイドを含有。口渇、瞳孔散大、意識混濁、心拍促進、興奮、麻痺、頻脈などを発症する。
トリカブト
アコニチン系アルカロイドを含有。口唇や舌のしびれに始まり、次第に手足のしびれ、嘔吐、腹痛、下痢、不整脈、血圧低下などを起こし、けいれん、呼吸不全に至って死亡することもある。
こんなに種類があります！
中には命に危険を及ぼす
もののもあるのです
イヌサフランでは
2018(平成30)年だけで
2名も命を落としています
※厚生労働省ホームページ：「自然毒のリスクプロファイル」より抜粋

そして 毒といえばキノコ！
厚生労働省が注意喚起しているもののうち
代表的なものをいくつか紹介します

テングタケ

食後30分程で嘔吐、下痢、腹痛など胃腸消化器の中毒症状が現れる。神経系の中毒症状、瞳孔の収縮、発汗、めまい、痙攣などで呼吸困難になる場合もあり、死亡例もある。

ニセクロハツ

食後30分から数時間程度で嘔吐、下痢などの胃腸・消化器系の中毒症状を示す。その後18～24時間ほどで全身筋肉痛、呼吸困難を示し、死亡に至ることもある。

ニガクリタケ

食後3時間程度で強い腹痛、激しい嘔吐、下痢、悪寒などの中毒を起こす。重症の場合は、脱水症状、けいれんなどの症状が現れて死亡する場合がある。

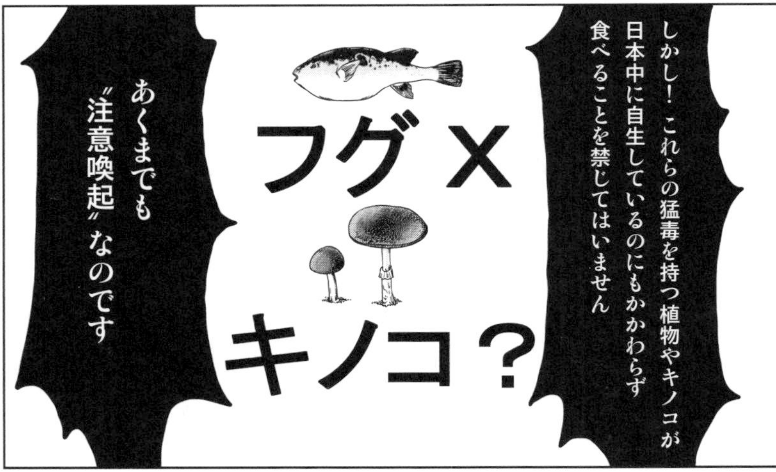
しかし！これらの猛毒を持つ植物やキノコが
日本中に自生しているのにもかかわらず
食べることを禁じてはいません
フグ×
キノコ？
あくまでも
“注意喚起”なのです

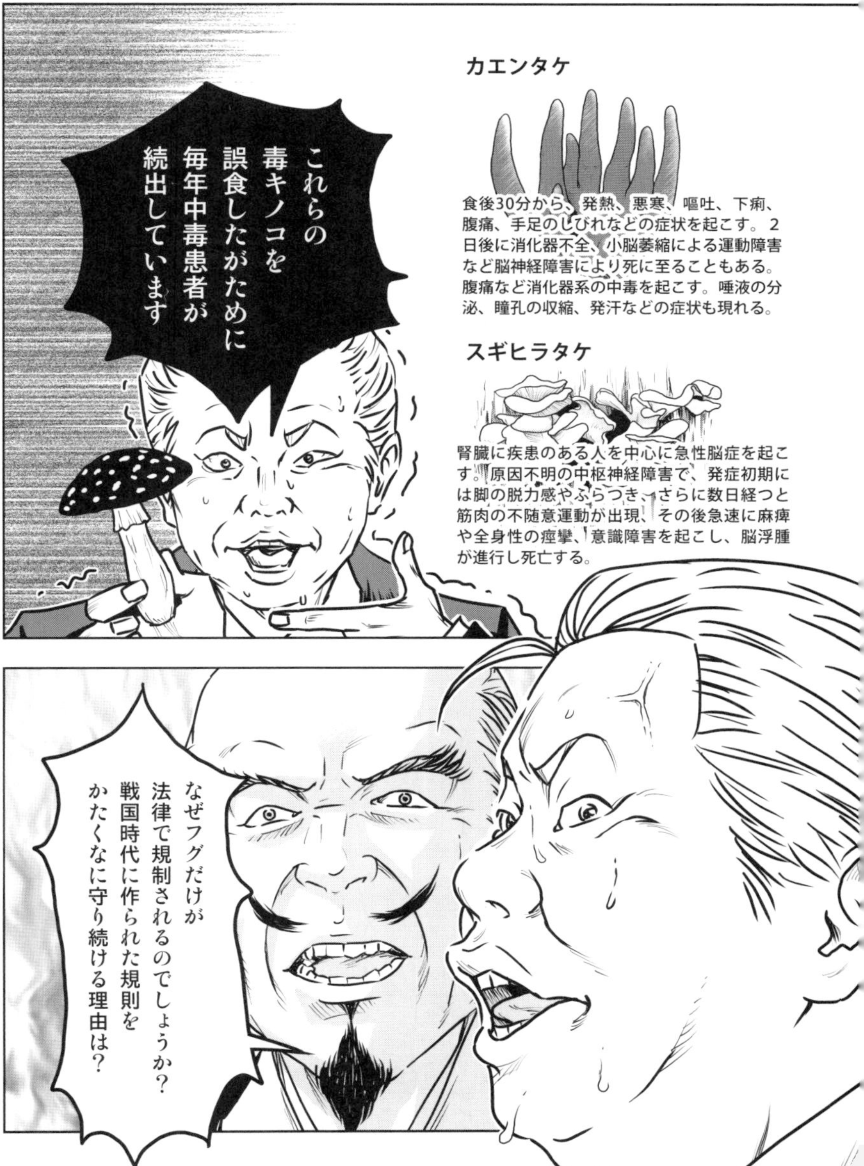
これらの毒キノコを誤食したがために毎年中毒患者が続出しています
カエンタケ
食後30分から、発熱、悪寒、嘔吐、下痢、腹痛、手足のしびれなどの症状を起こす。２日後に消化器不全、小脳萎縮による運動障害など脳神経障害により死に至ることもある。腹痛など消化器系の中毒を起こす。唾液の分泌、瞳孔の収縮、発汗などの症状も現れる。
スギヒラタケ
腎臓に疾患のある人を中心に急性脳症を起こす。原因不明の中枢神経障害で、発症初期には脚の脱力感やふらつき、さらに数日経つと筋肉の不随意運動が出現し、その後急速に麻痺や全身性の痙攣、意識障害を起こし、脳浮腫が進行し死亡する。
なぜフグだけが法律で規制されるのでしょうか？戦国時代に作られた規則をかたくなに守り続ける理由は？

命を脅かす食材
という理由なら
キノコも法律で規制！
おいしい
生ガキだって
禁止です!!
そもそも
フグは本当に
危険なのでしょうか？
ぴりりっ
それを次章以降で
徐々に解き明かして
いきましょう！
To be continued

フグコラム
1

フグ毒の正体〝テトロドトキシン〟について

フグは、やみつきになるほど美味であると同時に、時に命を落とすほどの猛毒を持つという、人間からすれば大きな矛盾を抱えた魚です。考え方によっては、「中毒のリスクがあるからこそ美味さも際立つ」と捉えられてきたのかもしれません。しかし、こうした感覚は健全とはいえないでしょう。いかにフグが美味だとはいえ、命を賭してまで食べるのはいかがなものかと思われます。

このフグ毒の正体は長きにわたって不明だったのですが、明治期に国内の学者たちによって研究が重ねられ、1907（明治40）年には薬学博士の田原良純博士が成分の単離に成功、「テトロドトキシン」と名付けられました。

テトロドトキシン……いかにも毒性が強そうな名前ですが、その響きに勝る猛毒で、青酸カリの500〜1000倍の毒力があるとする調査結果もあります。この毒を体内に持つことで、フグは外敵から身を守ったり、自分たちの子孫（卵）が食べられることを防いだりしていると考えられます。

猛毒のテトロドトキシンですが、天然フグは種類や個体、部位によってその含有量が大きく異なるため、中毒を起こした際の症状もさまざまです。テトロドトキシンは神経毒であるため、中毒者には主に麻痺症状が出ます。軽い場合は舌のしびれが起き、重くなるにつれて手足の麻痺がおこり、体が動かなくなり、ついには呼吸ができなくなって死に至ります。

　また、テトロドトキシンはやっかいな毒で、水でさらしても、加熱をしても毒性がなくなることがありません。その上、前述の通りどこに毒が潜んでいるか分からないため、素人調理では「当たるも八卦」になります。昔は、このリスクを度胸試しのように捉えてフグ肝を食べていたこともあったようですが、決してあってはならないことです。

　かつては、フグ自体が体内で生成すると考えられていたこのテトロドトキシンですが、その場合、種類や個体によって有毒なものと無毒なものがあったり、地域差があったりするという理由が分かりません。

また、研究によってフグ以外の生物（貝類や甲殻類、カエル、タコなど）にもテトロドトキシンを持つものがあることが分かっています。これら全ての生物が毒を生成する力を持っているか、と考えるとそれも疑問です。

　これらの事実をもとに、ひとつの仮説を立て、それを実証するために40年以上にわたって研究を続けた偉大な先生がいます。その研究内容と、導き出された結果は、本編で徐々に明らかにしていきたいと思います。

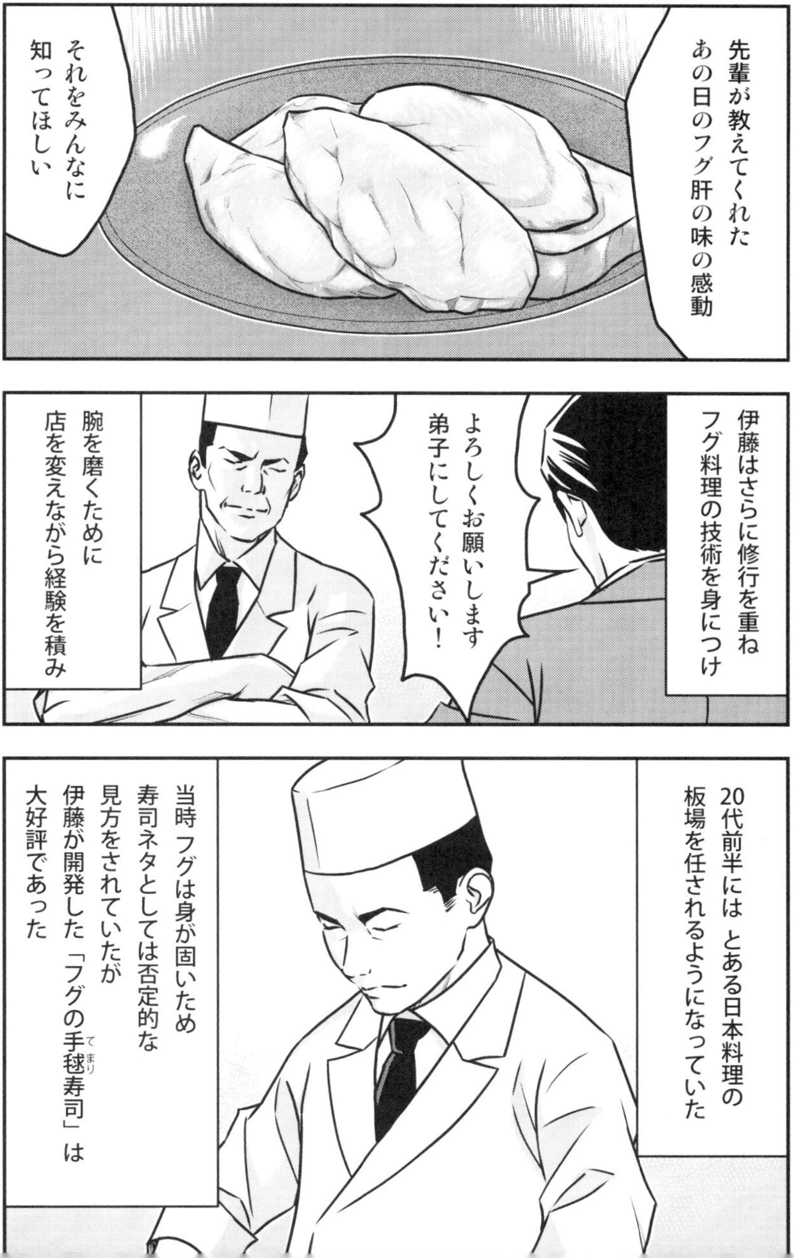
先輩が教えてくれた
あの日のフグ肝の味の感動
それをみんなに
知ってほしい
伊藤はさらに修行を重ね
フグ料理の技術を身につけ
よろしくお願いします
弟子にしてください！
腕を磨くために
店を変えながら経験を積み
20代前半には　とある日本料理の
板場を任されるようになっていた
当時フグは身が固いため
寿司ネタとしては否定的な
見方をされていたが
伊藤が開発した「フグの手毬《てまり》寿司」は
大好評であった

大将 フグを食わせてよ おまかせで！
はいよ！
伊藤 頼むぜ
はいっ！
伊藤が「将来生き残る道」を模索《もさく》して行きついたのは フグの創作料理だった
伊藤のふるまう フグを使った創作料理は お客たちに大好評だった

喫茶
うちの店に きてくれないかしら?
でも 今の大将の店に お世話になってますし…
あなたの 料理の腕を うちで思い切り 振るってほしいの
お店には 私から筋を通しておく

伊藤は創作料理の腕を買われ
地元の有名割烹店から
スカウトされた
そしてさらに腕を磨くため
新しい店に移り
思う存分創作料理に
打ち込んだ
女将！アレ頼むよ
はーい！
アレって何ですか？
野暮なこと聞くんじゃないの
そうか…
フグの肝を出すのか…

美味い！
こればっかりは
やめられないな！
どうしたんですか？
見てるのよ
客のろれつや顔色
仕草を見れば
当たっていないのが分かるの
長年見てれば
酔いと中毒の違いには
気付くものなのよ
あの人たちは大丈夫みたい
いつも
ありがとうございます
いやー美味かった
また来るよ
確かに
フグの肝は美味い
でも法律で禁止
堂々と出せるように
ならないものかな…

補注：女将はお客様の健康状態を見て肝を出すか決めており、伊藤はこのときお客様の健康状態・体調を見ながら料理を出すことを学んだ。

伊藤君　話があるんだけど
あ　はいっ
仕入れを安く早くするために
水産業も始めることにしたの
あなたにも手伝って
もらいたいんだけど…
水産業ですか？
板場だけじゃなく
何か新しい発見が
あるかもしれない
よし
何事も修行だ！
やります！

店が水産業を始めるようになってから
伊藤は文字通り馬車馬のように働いた
朝はトラックを運転して仕入れ 加工 販売
そして 夜は板前
寝る間もないほどの忙しさだったが視野が広がり
様々な情報が入ってきた時期でもあった

魚がお客のテーブルに乗るまでに
本当にいろんな人が関わって
そして　みんな汗水流して
働いている！
俺は今まで　そんなことも知らず
最後のところ（板場）しか
見ていなかったってわけだ
今まで学んだことを
自分のやり方で
活かしたい
30歳の節目で
伊藤は独立を決意

こうして
お世話になった勤め先を説得
…仕方ないねぇ
あなたも一度決めたら
きかないから

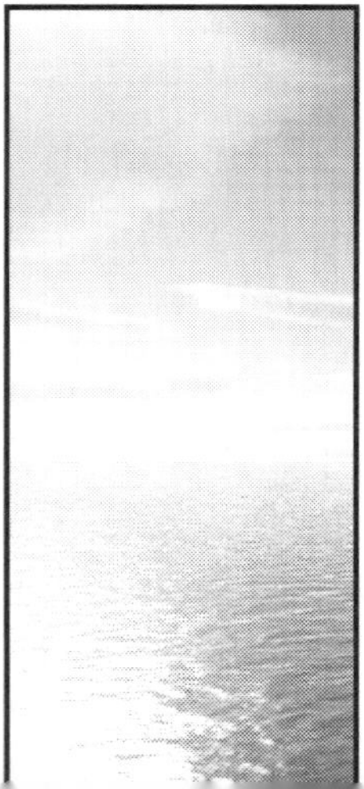

そして
1991(平成3)年6月
ミツイ水産を設立
ミツイ水産株式会社
延岡市松原町1丁目4番地3 TEL0982-23-8787

創業時は自慢の目利きと
独自の仕入れルートを活かして
大阪へ高級魚を卸すあっせん業で
会社を軌道に乗せ
これまでに得たノウハウと
創意工夫で水産業の道を
切り開いていった

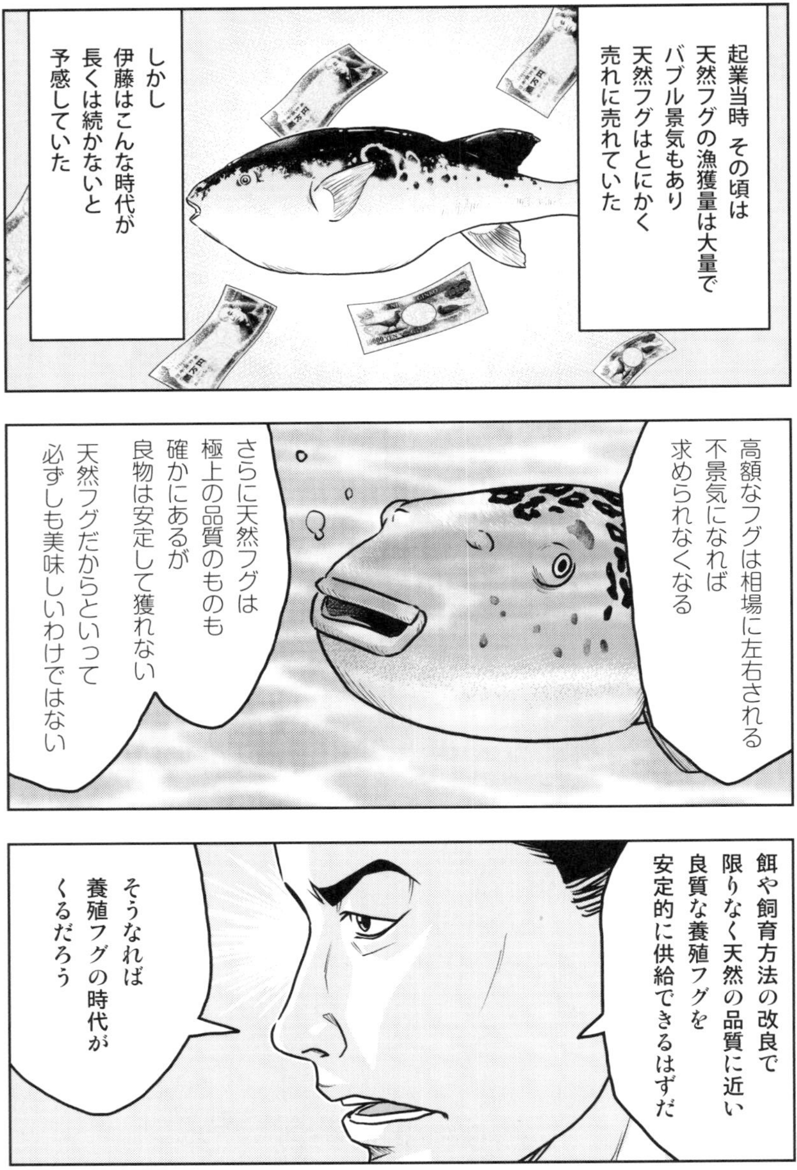
起業当時 その頃は
天然フグの漁獲量は大量で
バブル景気もあり
天然フグはとにかく
売れに売れていた
しかし
伊藤はこんな時代が
長くは続かないと
予感していた
高額なフグは相場に左右される
不景気になれば
求められなくなる
さらに天然フグは
極上の品質のものも
確かにあるが
良物は安定して獲れない
天然フグだからといって
必ずしも美味しいわけではない
餌や飼育方法の改良で
限りなく天然の品質に近い
良質な養殖フグを
安定的に供給できるはずだ
そうなれば
養殖フグの時代が
くるだろう

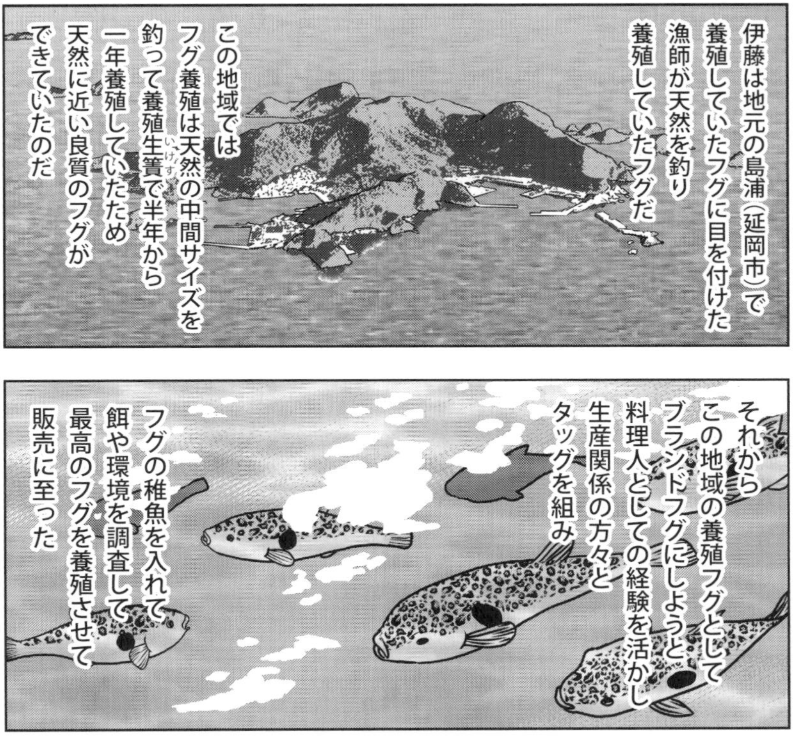
伊藤は地元の島浦（延岡市）で
養殖していたフグに目を付けた
漁師が天然を釣り
養殖していたフグだ
この地域では
フグ養殖は天然の中間サイズを
釣って養殖生簀《いけす》で半年から
一年養殖していたため
天然に近い良質のフグが
できていたのだ
それから
この地域の養殖フグとして
ブランドフグにしようと
料理人としての経験を活かし
生産関係の方々と
タッグを組み
フグの稚魚を入れて
餌や環境を調査して
最高のフグを養殖させて
販売に至った
しかし
経営の道は困難を極めた

補注：宮崎では資金不足で放流ができなかったことも功を奏して、純天然フグしか生息していない環境だった。そのため、宮崎の日向灘で捕れるフグは、混ざりっけなしの地付きの最高級フグであった。

＊現在は天然フグの漁獲量が減り、生産は行っていない。

はぁ？
養殖のフグ？
そんなもんいらないよ
ウチは天然物しか
扱わないんでね
せめて
一口だけでも…
養殖なんて客に出せない
帰った！ 帰った！

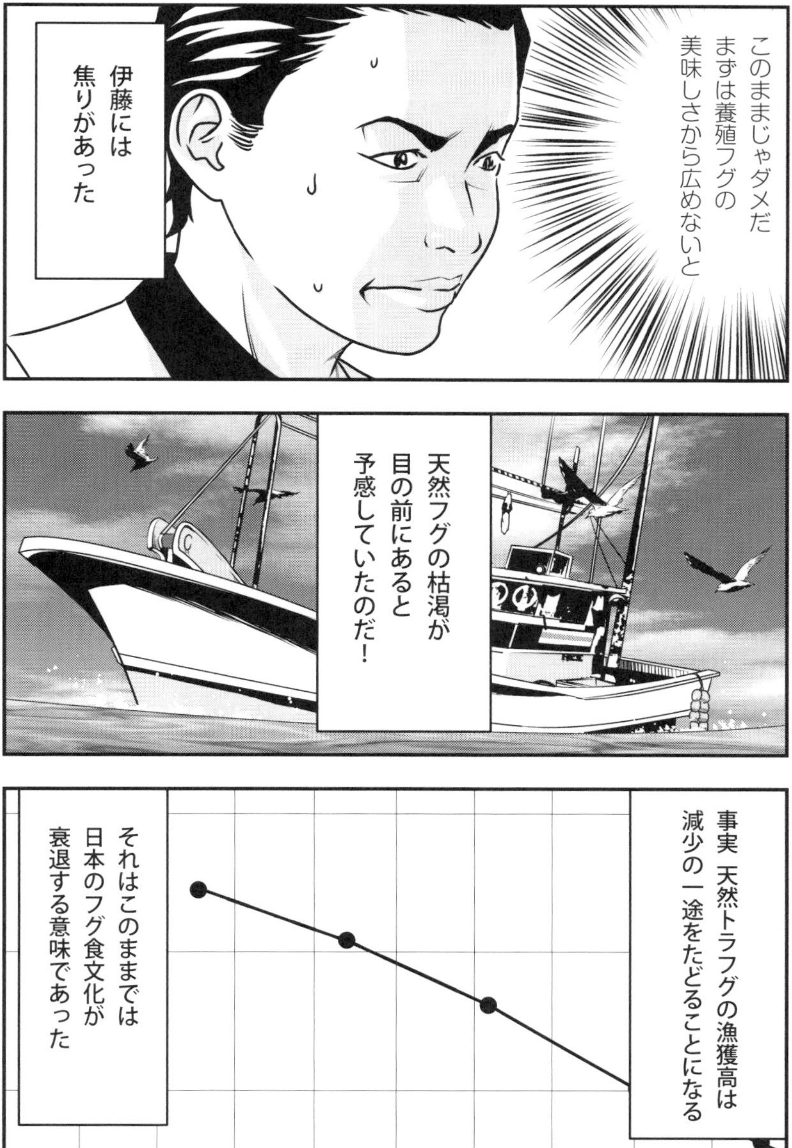
このままじゃダメだ
まずは養殖フグの
美味しさから広めないと
伊藤には
焦りがあった
天然フグの枯渇が
目の前にあると
予感していたのだ！
事実 天然トラフグの漁獲高は
減少の一途をたどることになる
それはこのままでは
日本のフグ食文化が
衰退する意味であった

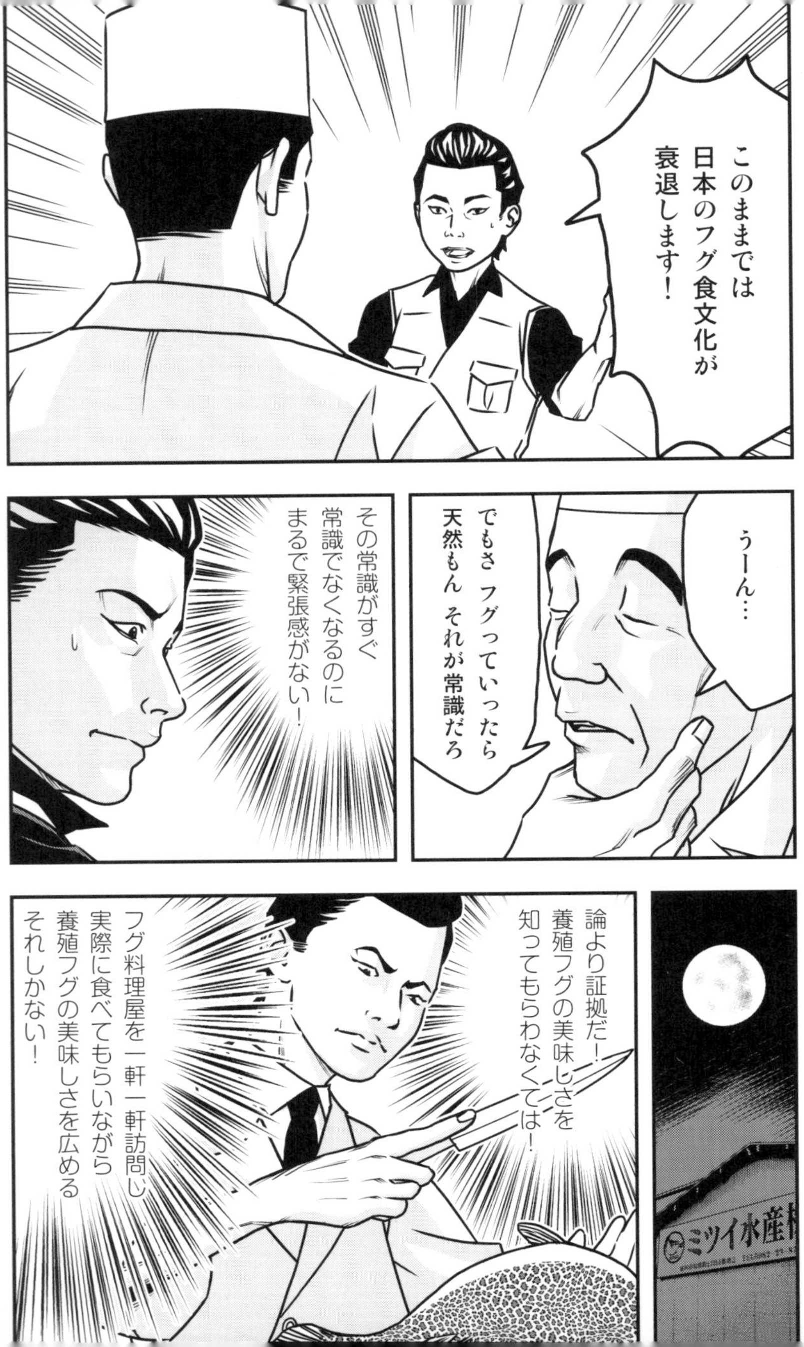
このままでは
日本のフグ食文化が
衰退します！
うーん…
でもさ フグっていったら
天然もん それが常識だろ
その常識がすぐ
常識でなくなるのに
まるで緊張感がない！
ミツイ水産
論より証拠だ！
養殖フグの美味しさを
知ってもらわなくては！
フグ料理屋を一軒一軒訪問し
実際に食べてもらいながら
養殖フグの美味しさを広める
それしかない！

ぜひ
召し上がってください
…養殖ねぇ…
は〜〜っ
ほう!
確かに美味い!
でしょ!
伊藤はまさに
自ら弾丸となり
業界に残る古い慣習に
少しずつ風穴を開け
販路も徐々に広がっていった

しかし 何年にもわたる
オーバーワークがたたった
社長！
体を壊して入院
時には
債務超過の危機に
直面することもあった
売上
こうした苦難に遭うたびに
伊藤は努力と工夫と
精神力で乗り越えた
ぐんっ
その力の源には
唯一の趣味と
妻の支えとがあった

趣味とは ひとつは「山登り」
ほら
もうすぐだ
はい！
祖母山頂
▲1,756.4m
竹田市・緒
着いたぞ
やったぁ！
もうひとつは「渓流釣り」
ヒット！
限られた休日
自然の中で童心に帰るひとときが
彼にとって一番の癒やしだった

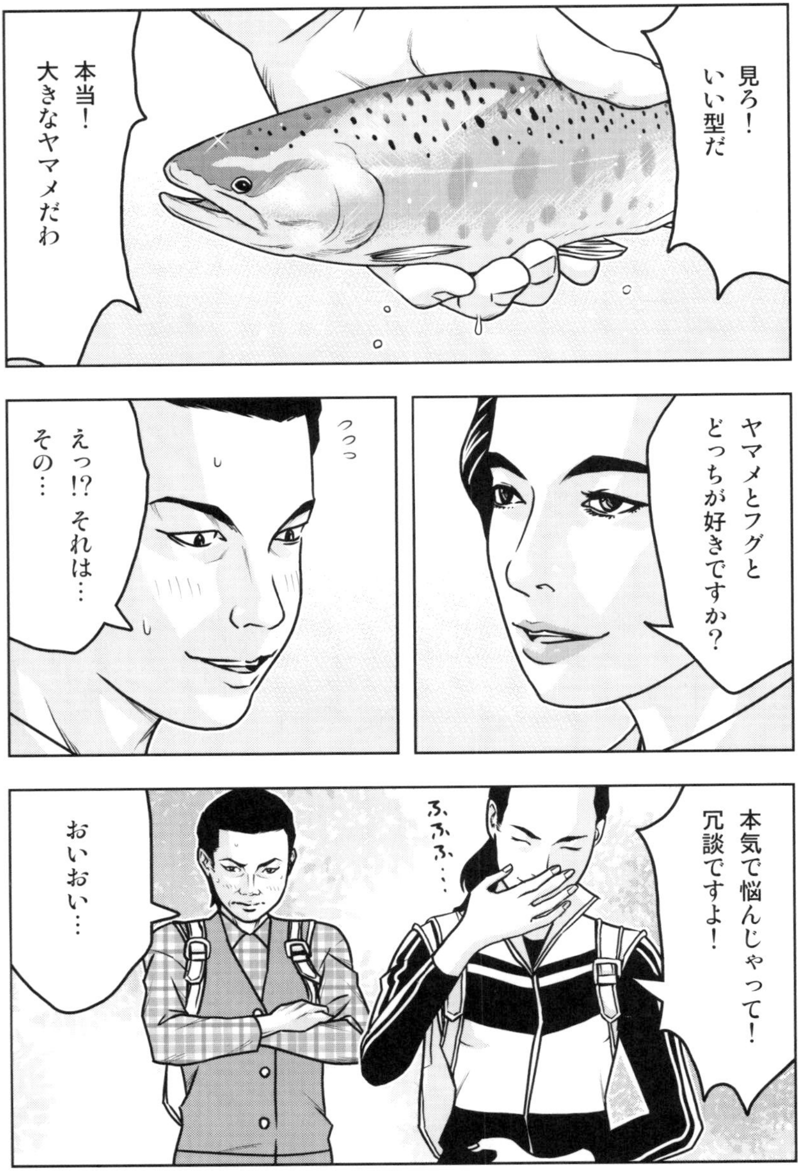
見ろ！
いい型だ
本当！
大きなヤマメだわ
ヤマメとフグと
どっちが好きですか？
つっっ
えっ!? それは…
その…
本気で悩んじゃって！
冗談ですよ！
ふふふ…
おいおい…

伊藤の妻は文字通りの
病める時も健やかなる時も
彼のそばに寄り添い続けた
その支えがあってこそ
伊藤は数え切れないほどの
困難を乗り越えられたのだ
山々が
美しく盛られた
フグ皿に
見えるな
もう
あなたったら…
しかし 時には
解決できない問題に
直面することもあった
*地《じ》付《っ》きの
サバフグ？

だめだめ
トラフグ以外は
金にならないよ

それは存じています
しかし…

あー
いらない いらない！

＊地付き：回遊せず、一定の水域にいついている魚。回遊しているサバフグもいるが、伊藤が目をつけた地付きのサバフグは美味であった。

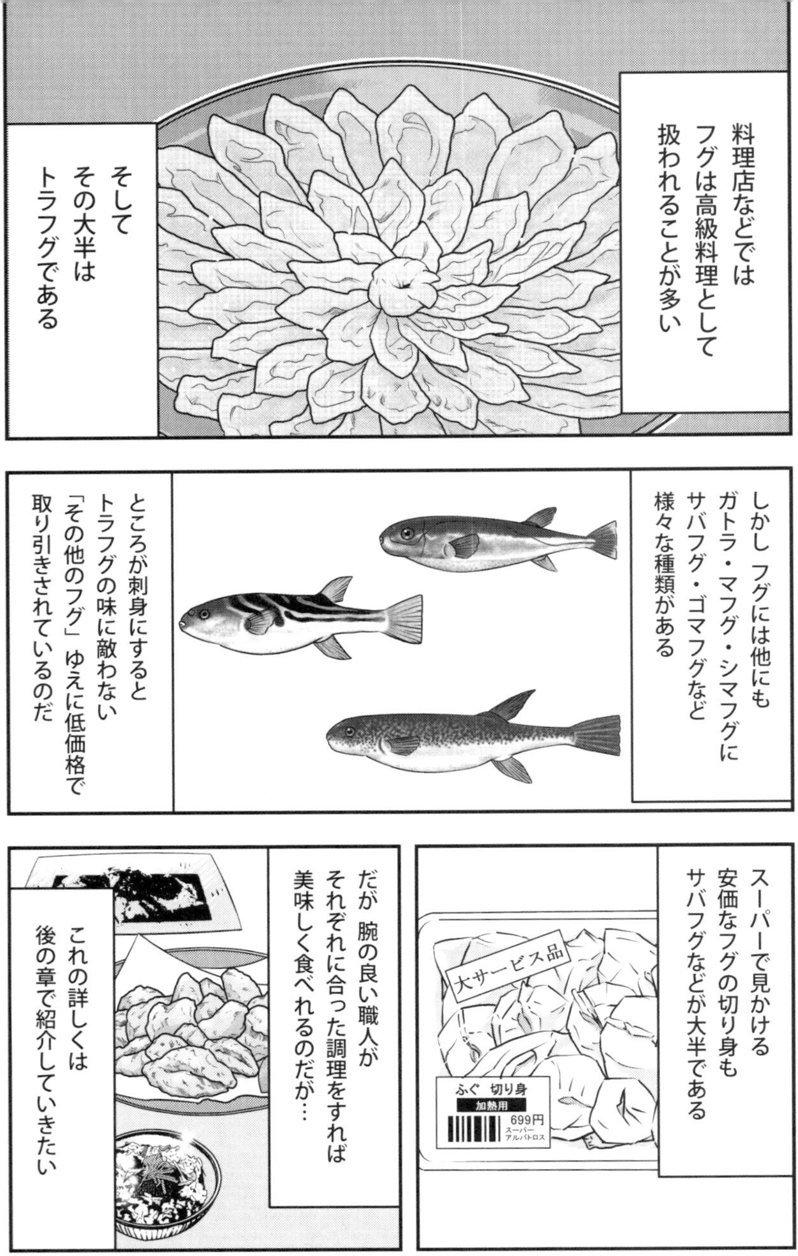
料理店などでは
フグは高級料理として
扱われることが多い
そして
その大半は
トラフグである
しかし フグには他にも
ガトラ・マフグ・シマフグに
サバフグ・ゴマフグなど
様々な種類がある
ところが刺身にすると
トラフグの味に敵わない
「その他のフグ」ゆえに低価格で
取り引きされているのだ
スーパーで見かける
安価なフグの切り身も
サバフグなどが大半である
大サービス品
ふぐ 切り身
加熱用
699円
スーパー
アルバトロス
だが 腕の良い職人が
それぞれに合った調理をすれば
美味しく食べれるのだが…
これの詳しくは
後の章で紹介していきたい

サバフグも調理次第では
活かせるんです
唐揚げなんか
最高です!
そうかも知れん
でもね…
お客はそれを
分かってくれない
単価も安く
まず誰も注文しないよ
せめて一度だけでも…
気持ちは分かるけど
ウチはトラフグ一本で頼むよ
伊藤さんのところの
トラフグは最高だ
それだけで十分さ
トラフグもサバフグも
それぞれの美味しさがあるのに…
いつか　おまえらの美味さを
世に出してやるからな!!

そんなある日のこと
伊藤さん フグ肝を売ってくれないか？
いきなり何を…
駄目に決まっているでしょう
今すぐ どうしても必要なんだ！
人助けだと思って
今回だけ譲ってくれ！
……
この甘さが
後に裏目に出ることになる

＊補注：伊藤はこのとき、販売はできないのでどうしてもと言うなら、廃棄する分を勝手に持って行ってくださいと申し出たが、「よそではキロ５００円が相場だから、どうかちゃんとした品質の肝を売ってほしい」と頼み込まれ、しぶしぶ承諾した。

数日後
社長！検察庁の人が十数人も来ています！
えっ？検察？
フグの肝を販売しましたね
あ…あの時の…
まさに伊藤にとって生涯肝に銘じる出来事であった
伊藤は検察庁に出頭しかるべき処分を受けた
しかしそれだけではおさまらず
謝罪の記者会見も行った

社長 会社の周りを
ずっとまわっています…
国の敵 断罪せよ
社
日本の秩序を
乱す会社は
今すぐ消えよ！
撲滅！！ 粉砕！！
耐えるんだ
いずれいなくなる
きっと影で
糸を引いている奴らが…
社長！ 今回の件は
同業者がリークして…
今は余計な
詮索はするな
にやりっ
他社から妬まれるほど
目立っている証拠
だったら
業界内でもっと
目立ってやろうぜ！
社長！
街宣は3日間続き
ようやく治まった

伊藤はこの件を期に
安全なフグ肝を
全国に届けることが使命だと
強く意識するようになり
さらにフグ料理の
正しい啓発活動に没入した
もっと大暴れするぞ！
そして前にもまして
仕事に打ち込み
着実に業績を伸ばしていった
幸い役所や業界内にも
理解者は多かった
今回は大変だったね
はい
反省しています
今回は不運でしたが
本当の問題は別のところにある
それを伊藤さんが
解決できるかもしれない
これからも
応援しているよ
ありがとう
ございます！

俺はいつも
どん底にあった時
思う気持ちがひとつあった
ぐっ
今日決めた！
俺の座右の銘それは…
成功したくば
あきらめないことだ！

フグコラム 2

天然フグの危険性について

関西では、「当たれば死ぬ」ということからフグ料理のことを〝テッポウ〟と呼んでいます。また、古典落語の大ネタ「らくだ」では、フグを自分で調理して食べた男が中毒死しているシーンから始まります。松尾芭蕉も、フグについて次のような句を読んでいます。

あら何ともなや 昨日は過ぎて 河豚汁

河豚汁や 鯛もあるのに 無分別

句では、中毒を恐れる気持ちと、それでも食べずにはいられない欲求が、ユーモアを交えて詠まれています。これらの例から分かる通り、フグは猛毒を持つものもあることが認知されていたのにも関わらず、古くから人々を魅了し続けてきました。

ここで重要なのは、これらの中毒を起こしたフグは、全て「天然フグ」であった、ということです。

天然フグは、近年漁獲量が減っており、食用として供される機会も少なくなっていますが、以前は釣人が自分で釣り上げたフグを自分で料理して中毒を起こすようなことも起こっていました。また、一部の観光地や料亭などでは、フグ肝が「珍味」として密かに提供されていたこともあったようですが、こういった場でもしばしば中毒事故が起きていました。フグは、熟練の料理人でも有毒・無毒の見極めが難しく、調理にもきちんとしたノウハウが必要なのです。そのため、国内では都道府県ごとにフグ調理の免許制度を設けています。

フグには実に多くの種類があります。国内で食用として認められているものだけでも22種類です。例えばシロサバフグは、無毒であるため食用が認められていますが、全身に強い毒を持つドクサバフグと見た目が酷似しており、素人ではまず見分けがつきません。また、フグを調理中に冷凍・解凍をするとその過程で毒が溶け出して他の部位に移ることがあるなど、取扱いを間違えると非常に危険です。そのため、フグ調理の免許を持たない人は一切フグを調理・提供してはならない、とされているのです。

問題は、このフグ調理の免許が、都道府県ごとにバラバラということなのです。自治体で免許制度が異なるのは、国全体で安全管理ができていないことになります。海外にフグ食文化が発信できない一因も、こうした曖昧な基準にあるのです。

また、フグの調理をできる人が、県境を越えると調理できないといったことも起こります。これでは国内でのフグ食文化を広める際にも足かせになってしまいます。このような中途半端な制度はすぐに改めて、一日も早く免許制度を全国で統一するべきなのです。

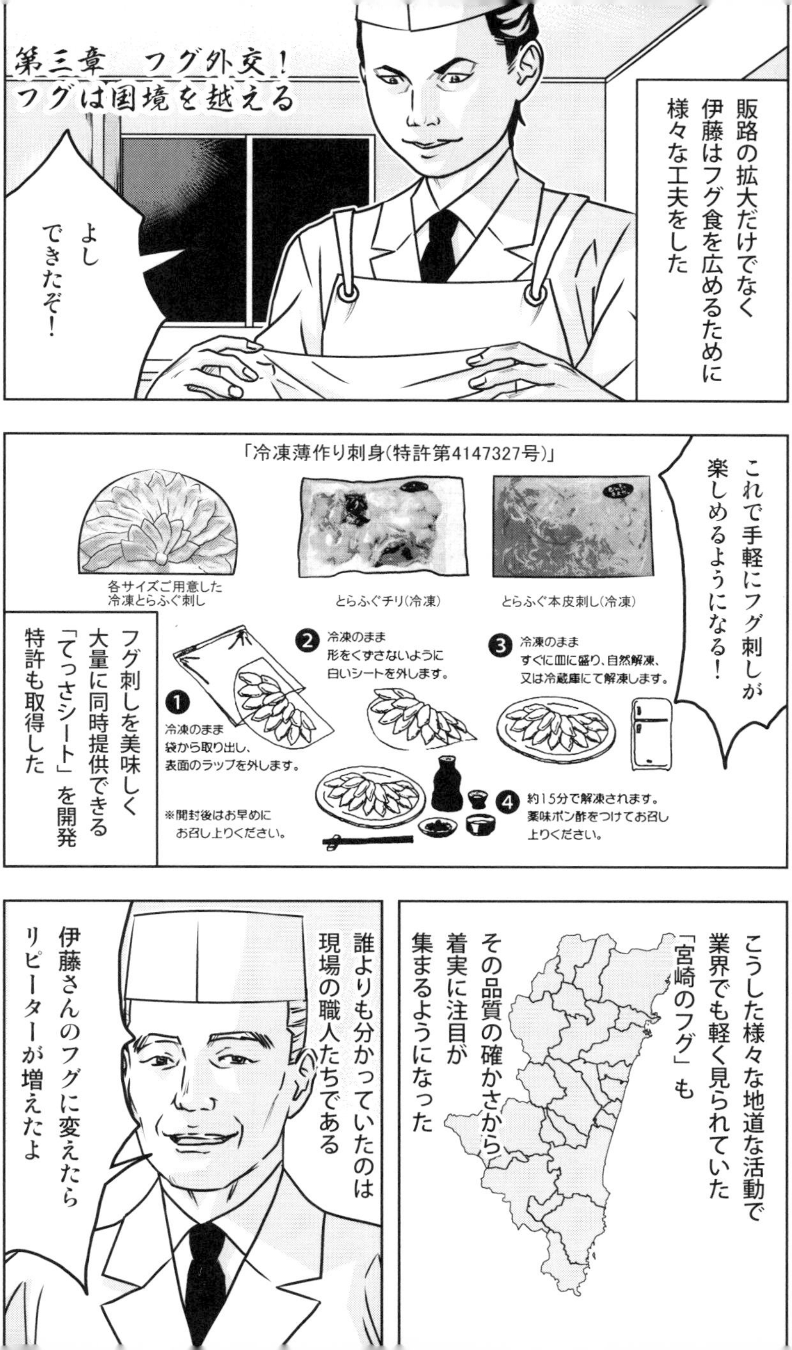
第三章　フグ外交！
フグは国境を越える
販路の拡大だけでなく伊藤はフグ食を広めるために様々な工夫をした
よし　できたぞ！
これで手軽にフグ刺しが楽しめるようになる！
「冷凍薄作り刺身(特許第4147327号)」
各サイズご用意した冷凍とらふぐ刺し
とらふぐチリ(冷凍)
とらふぐ本皮刺し(冷凍)
1 冷凍のまま袋から取り出し、表面のラップを外します。
2 冷凍のまま形をくずさないように白いシートを外します。
3 冷凍のまますぐに皿に盛り、自然解凍、又は冷蔵庫にて解凍します。
4 約15分で解凍されます。薬味ポン酢をつけてお召し上りください。
※開封後はお早めにお召し上りください。
フグ刺しを美味しく大量に同時提供できる「てっさシート」を開発
特許も取得した
こうした様々な地道な活動で業界でも軽く見られていた「宮崎のフグ」も
その品質の確かさから着実に注目が集まるようになった
誰よりも分かっていたのは現場の職人たちである
伊藤さんのフグに変えたらリピーターが増えたよ

補注：刺身は技術と仕込みの時間を要する仕事ですが、このてっさシートは一度に千人でも一万人でも対応可能なため、その強みが特許となりました。
この特許制法を用いた冷凍フグ刺身は、解凍したとき水分が少なく身が固いことが特長であり魅力です。

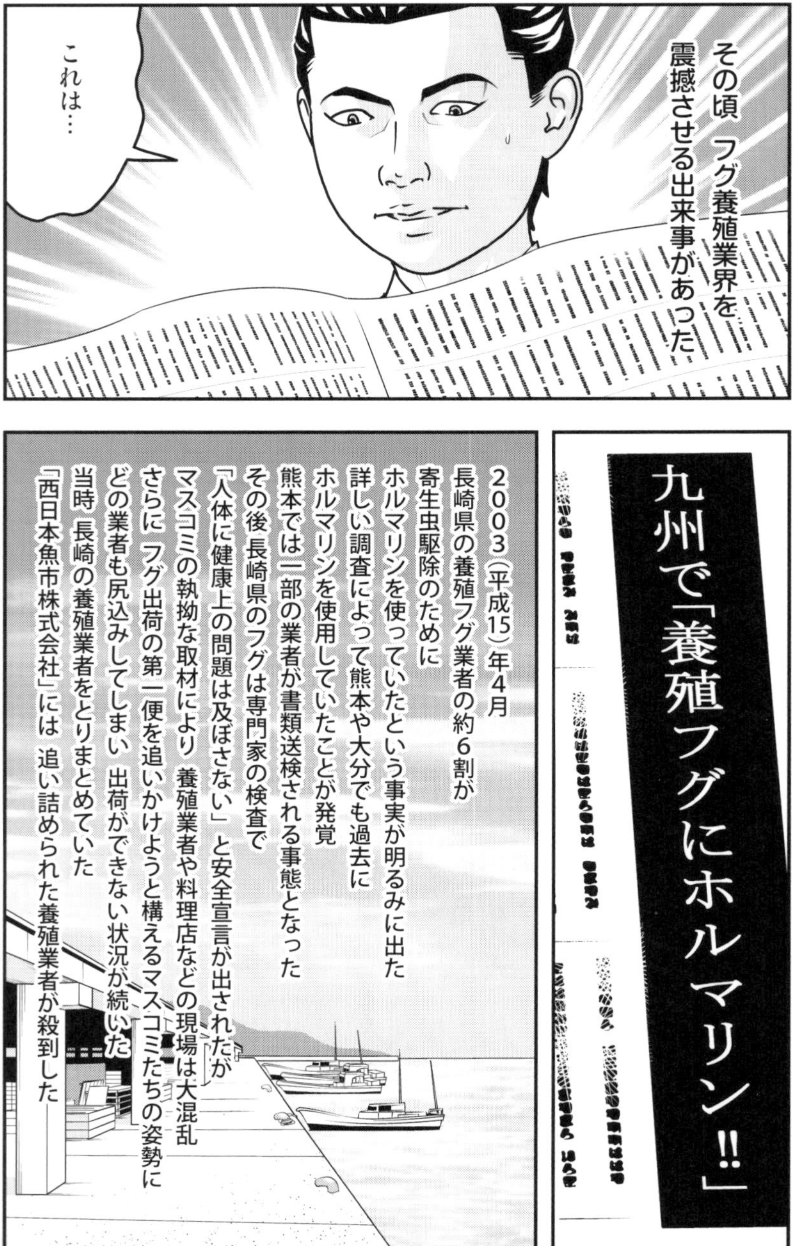
その頃 フグ養殖業界を
震撼させる出来事があった
これは…
九州で「養殖フグにホルマリン!!」
2003(平成15)年4月
長崎県の養殖フグ業者の約6割が
寄生虫駆除のために
ホルマリンを使っていたという事実が明るみに出た
詳しい調査によって熊本や大分でも過去に
ホルマリンを使用していたことが発覚
熊本では一部の業者が書類送検される事態となった
その後 長崎県のフグは専門家の検査で
「人体に健康上の問題は及ぼさない」と安全宣言が出されたが
マスコミの執拗な取材により 養殖業者や料理店などの現場は大混乱
さらに フグ出荷の第一便を追いかけようと構えるマスコミたちの姿勢に
どの業者も尻込みしてしまい 出荷ができない状況が続いた
当時 長崎の養殖業者をとりまとめていた
「西日本魚市株式会社」には 追い詰められた養殖業者が殺到した

マスコミに囲まれて
これじゃ
フグが出荷できない！
入江さん
助けてくれ！
大丈夫
私たちが何とかします！
西日本魚市
入江販売課長（当時）
お願いします！
大丈夫と言ったものの
果たしてどうすれば…
西日本魚市は
メディアの攻勢と養殖業者の
困窮の板挟みになっていた

その話は
入江氏と親交のあった
伊藤の耳にも入った
お世話になっている
西日本魚市さんと
長崎の養殖業者を
何とかしたい！
そうだ！
伊藤は以前修行時代に勤めていた
店の1件に電話を入れた
近々店を閉じると
聞いたのですが
ああ 体を壊しちゃってね
引退することにしたんだ
フグの大盤振る舞いで
閉店セールをやりませんか？
無料で卸しますよ
フグ？
無料？
その話乗った！

伊藤の考えた作戦はこうだった
出荷の第一便は
ミツイ水産が引き受け
マスコミの目を引き
その店に納品する
閉店する店なら
後の風評被害を懸念する
必要がなく
店じまいでフグをたらふく
食べられるなら客も喜ぶ
そもそも
健康上全く問題のないフグなのだ
そして マスコミが
散り散りになってから
長崎のフグを順次出荷する
伊藤は いわば「おとり」の役を
引き受けようと決めたのだ
この作戦のリスクは大きい
私は お世話になった方々へ恩返しをしたい
出来るのは今しかない
だが一つ間違えば我社はバッシングを受け
私も君たちも路頭に迷うかもしれない…
全員 社長の運についていきますよ!

みんな…
よしっ！作戦開始だ！
伊藤は入江氏に自分の計画を伝えた
はじめまして専務の宮本です
入江の方から話は聞きましたがあなたの会社が危険に…
専務 考えている時間はありません！
宮本専務との面談を経て伊藤は作戦の実行に移った
西日本魚市／宮本専務（当時）

俺たちはおとりだ
間違っても
マスコミを振り切るなよ
心得てますよ！
伊藤の思惑通り
マスコミたちは
トラックを一斉に追った
しかし
大分のパーキングエリアで
ドライバーが仮眠を
取っている間に
マスコミたちは雲散霧消
結局
最後まで追いかけてくる
マスコミはいなかった

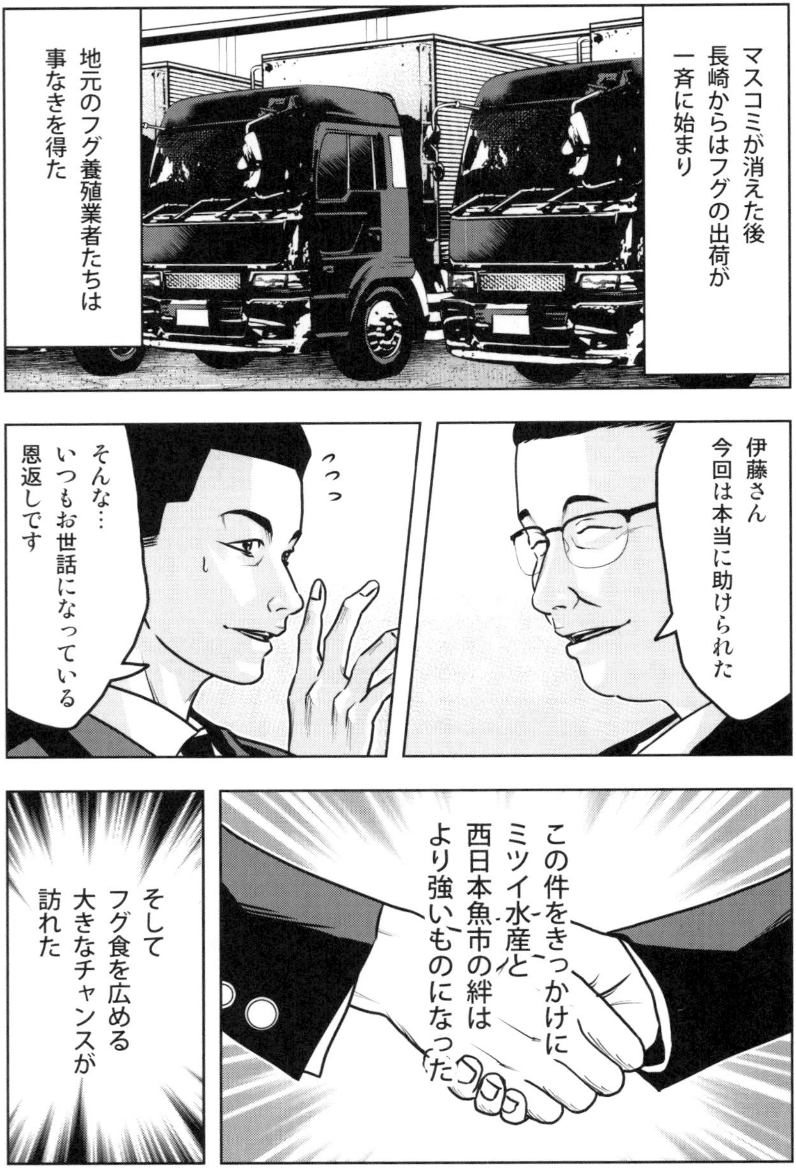
マスコミが消えた後
長崎からはフグの出荷が
一斉に始まり
地元のフグ養殖業者たちは
事なきを得た
伊藤さん
今回は本当に助けられた
そんな…
いつもお世話になっている
恩返しです
この件をきっかけに
ミツイ水産と
西日本魚市の絆は
より強いものになった
そして
フグ食を広める
大きなチャンスが
訪れた

ロシア？
そうです
厚生労働省所管の
日本の養殖魚を海外に
広めようという活動です
ぜひ伊藤さんも同行して
フグの素晴らしさを
広めていただきたい！
分かりました！
ぜひご一緒させてください
おお！ これほど
心強いことはない！
ミツイ水産株式
延岡市松原町1丁目4番地3 TEL0982-23-8787 FAX098

まずは資料を揃えなくては！
そうだ
フグのDVDがあったな
バサバサ
はい！
これです

このDVDは
フグ調理技術の記録と伝承
及びフグ食文化の普及のために
ふぐの食文化
伊藤が
自費で制作したものだ

内容は 養殖フグの生育環境から
水揚げ 加工 料理店への配達

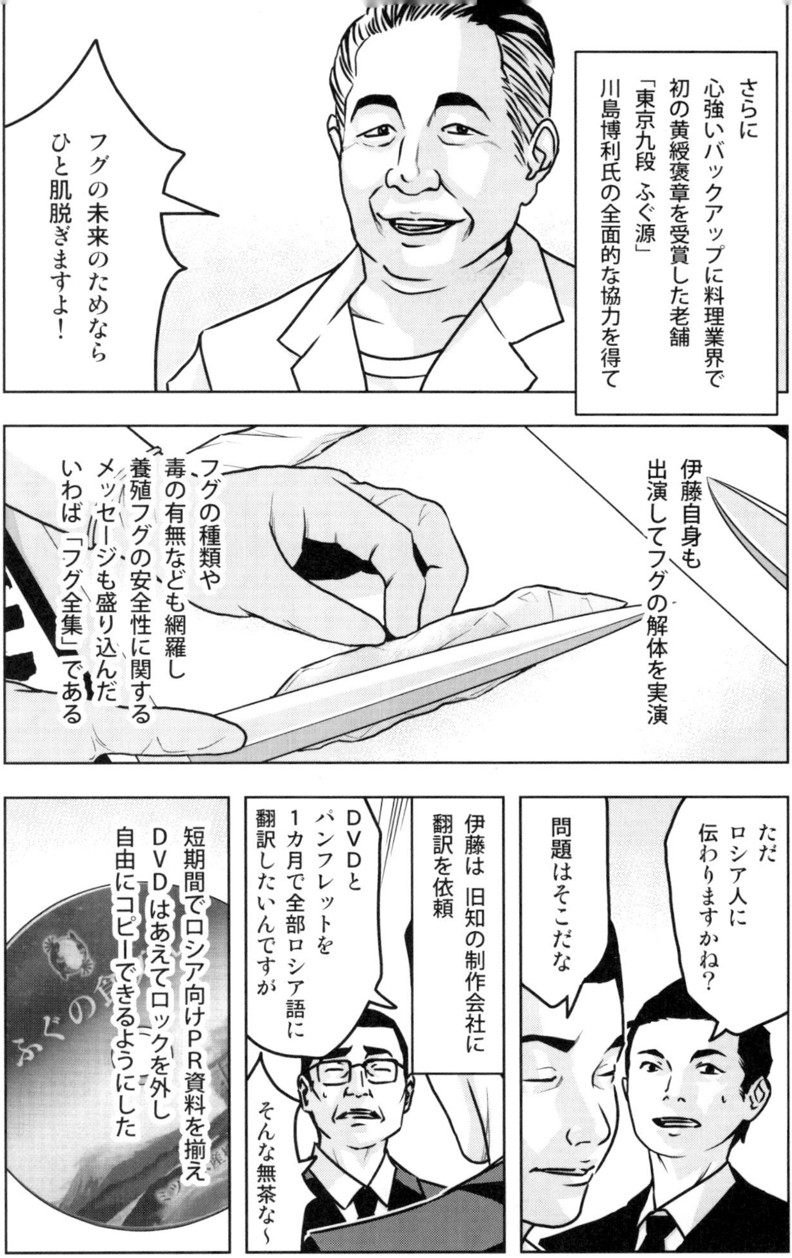
さらに
心強いバックアップに料理業界で
初の黄綬褒章を受賞した老舗
「東京九段　ふぐ源」
川島博利氏の全面的な協力を得て
フグの未来のためなら
ひと肌脱ぎますよ！
伊藤自身も
出演してフグの解体を実演
フグの種類や
毒の有無なども網羅し
養殖フグの安全性に関する
メッセージも盛り込んだ
いわば「フグ全集」である
ただ
ロシア人に
伝わりますかね？
問題はそこだな
伊藤は　旧知の制作会社に
翻訳を依頼
DVDと
パンフレットを
1カ月で全部ロシア語に
翻訳したいんですが
そんな無茶な～
短期間でロシア向けPR資料を揃え
DVDはあえてロックを外し
自由にコピーできるようにした

言葉の壁を超えて
美味しいものは美味しい
それを世界に知ってもらう
こうして伊藤は
PRチームの一員として
ロシアに乗り込んだ
ロシアにて
立派なレストランですね！
官僚たちが利用する
会員制の高級店ですよ
高級レストランで
伊藤は用意した資料をもとに
プレゼンテーションを実施
フグの魅力を
ロシア人に向けて発信した

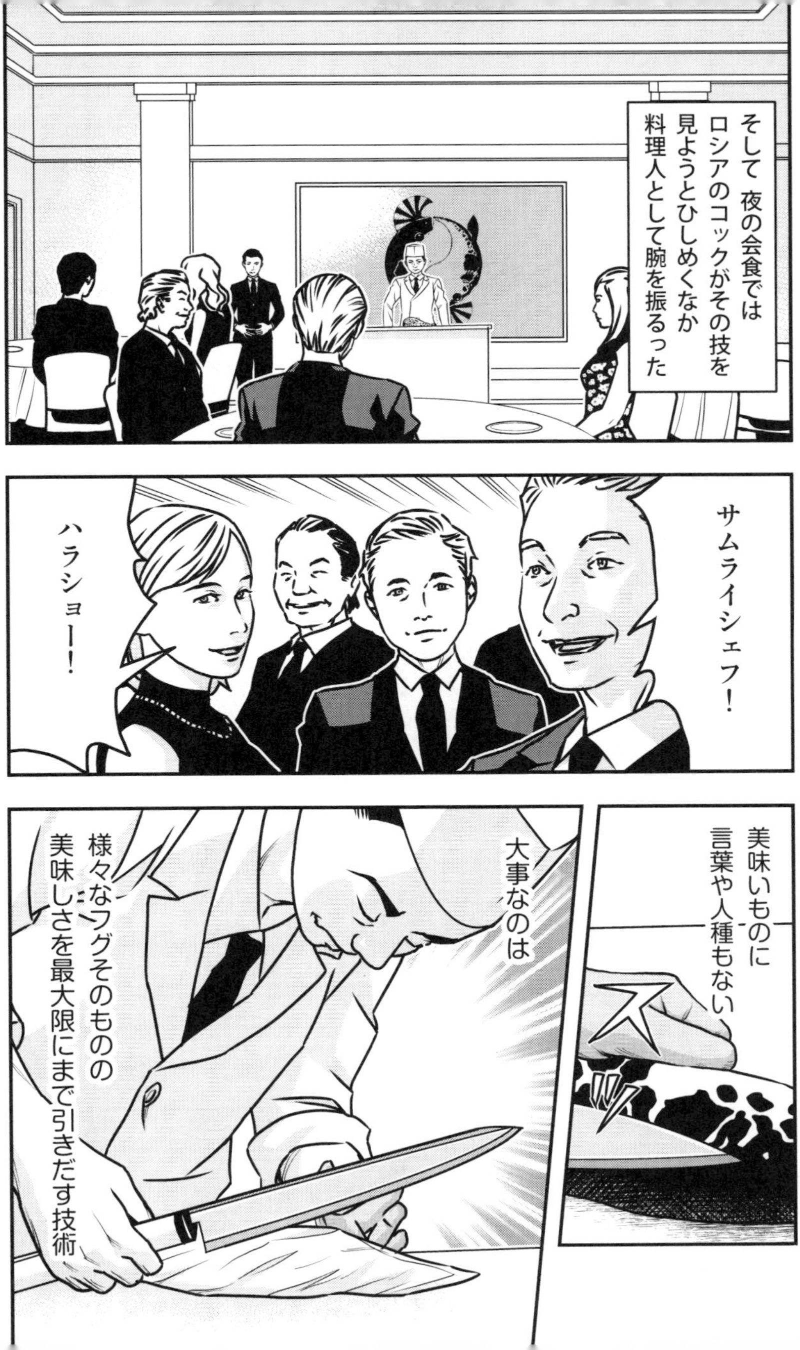
そして 夜の会食では
ロシアのコックがその技を
見ようとひしめくなか
料理人として腕を振るった
サムライシェフ！
ハラショー！
美味いものに
言葉や人種もない
大事なのは
様々なフグそのものの
美味しさを最大限にまで引きだす技術

それは俺が
十代から学んだことを
シンプルにやるだけだ!
ざっ
ざわ
ざわ
フクースナ!
オーチンフクースナ!
ふく…すな?
とても美味しい
って言っているんですよ
株式会社 日ソ貿易
モスクワ事務所
二谷氏
そうそう!
フグはフクースナ!

伊藤さん
貿易副大臣がお呼びです
えっ？
副大臣？
なぜこんなに美味いフグが
ロシアで食べられないのか？
と聞かれています
それはクレムリンが
許可しないからでしょう

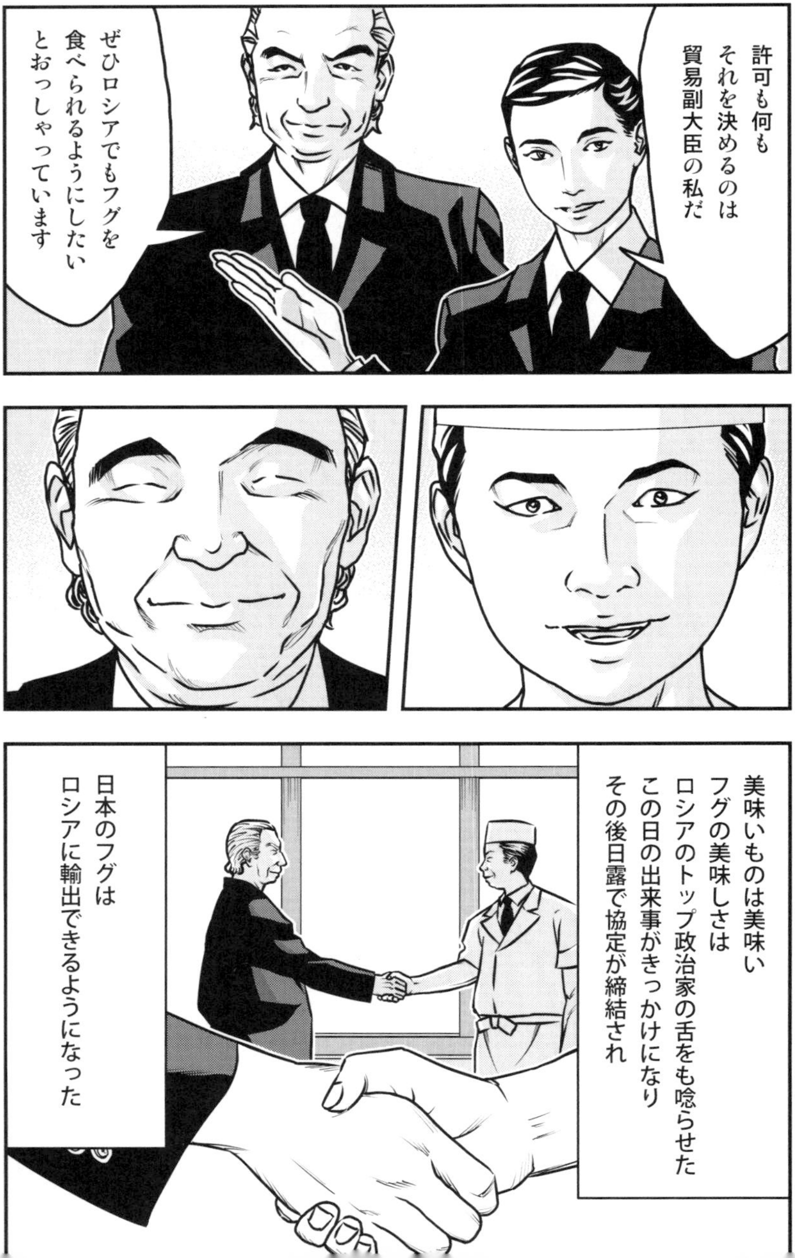
許可も何も
それを決めるのは
貿易副大臣の私だ
ぜひロシアでもフグを
食べられるようにしたい
とおっしゃっています
美味いものは美味い
フグの美味しさは
ロシアのトップ政治家の舌をも唸らせた
この日の出来事がきっかけになり
その後日露で協定が締結され
日本のフグは
ロシアに輸出できるようになった

ロシアでの経験で
分かった
フグ文化は国内だけではなく
将来　世界に広がる
そうだ！
養殖フグの素晴らしさを
広めるためには
海外にも目を向けなくては！
これからは　日本の殻に
閉じこもっていては駄目だ
後に伊藤は
ベトナム人留学生の支援を通じて
出来た縁でベトナムにもPRに出向き
ベトナム
ハノイ
ラオス
タイ
カンボジア
ホーチミン
国家副主席の前で
プレゼンテーションを実施
フグ食の習慣がないベトナムに
日本のフグ食文化を広める活動も行った

ロシア人もベトナム人も
とても素直に話を聞いてくれた
フグの味も評価してくれた
美味しいものを食べたいというのは
世界共通だ
でも　肝心の日本が旧態依然だ
未だ戦国時代のルールに
縛られていては
貴重なフグ食文化は
外国に劣るようになってしまう
国の制度を改めるには
技術としての勘だけではなく
確かなフグの安全性を示す
十分なデータが必要だ…
そんな時
大きな出会いが
あった！

フグコラム 3

海外のフグ食文化について

「フグ食」というと、日本固有の伝統食文化のように誤解されることもありますが、実はフグを食べるのは日本人だけではありません。

習慣としてフグを食べる国は、日本の他に中国、韓国、台湾、シンガポール、タイ、バングラデシュなどがあり、アジア広域に及んでいます。つまり、これらの国の人々は全て昔からフグ毒に悩まされていた背景があるわけです。

また、アジアだけでなく、アメリカでは一部の日本料理店で提供されており、漫画本編でも触れた通りロシアには輸出されています。ただ、刺身などの生食は避けられる傾向にあり、多くは加熱して鍋などの料理として出されているようです。

このように、フグ食の文化は徐々に海外にも広まりつつあります。諸外国に受け入れられていくのは非常に喜ばしいことですが、同時に危惧もあります。

日本では、旧態依然の法管理体制のため、フグ肝を食べることができません。安全が立証されている養殖のフグも含めてです。そのため、フグ肝は全て捨てられています。つまりフグ肝の美味しさも後世に伝わりづらくなっているのです。

いわゆる「美食」のジャンルに位置する

肝食としては、フグ肝の他にカワハギの肝、アンコウの肝、そしてフォアグラが挙げられます。これら全てを食べた上での私見ですが、フグ肝はダントツの美味しさで、その味はフォアグラをも凌駕《りょうが》します。

口に入れるとふわりと溶け、濃厚なうまみが広がり、喉を通り抜けるまでその幸福感が続きます。文字での表現は困難ですが、香りが良く、コクが強く、舌触りも良い、そして胃もたれしないというのがフグ肝の特長です。何より私は「体に良い」と感じました。漫画の本編でも、健康・美容の両側面におけるフグ肝のメリットは記していますが、おそらく他にももっとたくさんの長所が秘められているはずです。フグ肝が広く食べられる様になれば、今よりも研究が進み、栄養学的な調査・検査もより深く進められると思います。

ちなみに、韓国のフグ商社の知人に聞いた話ですが、韓国ではアルコールを体から抜くにはフグの雑炊が一番だといわれているそうです。フグの持つコラーゲン等の栄養素は、人間の臓器の負担を和らげる働きがあるので、韓国で接待続きのビジネスマンやVIP達は、ホテルの豪華な朝食をとることをせずに、下町のフグ料理店に足を運びフグ雑炊を食べる、それが自分や相手の体を思いやる大人の嗜みである、と教わりました。

話が逸れましたが、フグ肝を食べた時の幸福感はおそらく世界共通のものでしょ

う。そして、養殖フグは肝も安全です。フォアグラのように動物虐待まがいの行為の末に生み出されたものでもありません。これらの事実に外国の人が先に気付き、フグ肝を解禁したとしたら……これは日本の文化財産の流出に他なりません。

　誰も主導権を持っていない今こそが、フグ肝を国内で解禁し、その食文化を再び花咲かせる時期なのです。日本の持つフグ食の歴史と、その中で培われた養殖技術、そして繊細な料理の技術があれば、高級料理としてフグ肝を提供し、「これが日本の食文化だ」と胸を張ることができます。漁業、水産加工業、流通、販売などの各事業者が一体となりフグのネットワークを築けば安全確保も可能で、経済も潤《うるお》います。これらの仕組みを構築して、外国向けにフグの魅力と安全性を発信すればインバウンド招致の大きな材料にもなります。

これだけの可能性を持っているフグ肝を、みすみす外国に持っていかれたくない。日本を潤すことができるフグ肝を一日も早く有効活用できるようにしたい。それが私の望みなのです。

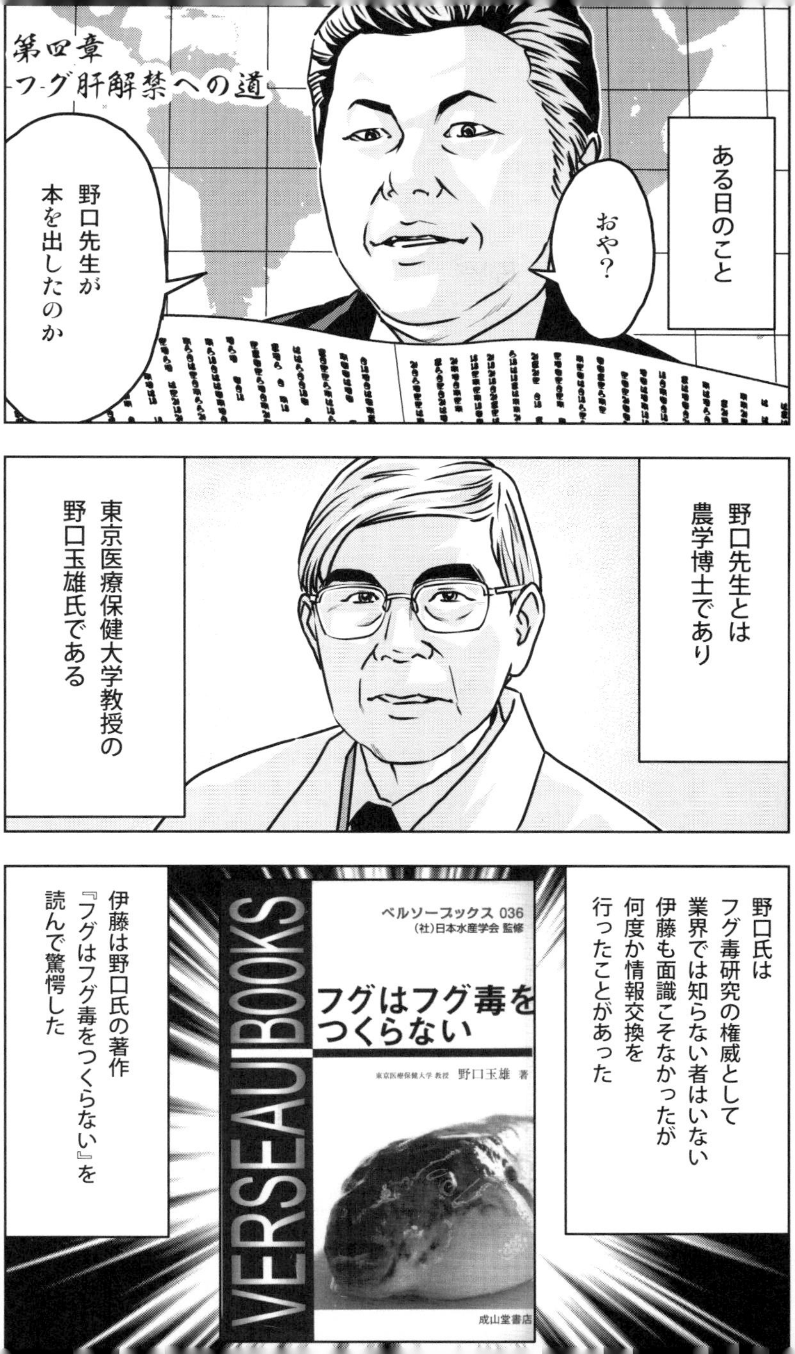
第四章
フグ肝解禁への道
ある日のこと
おや？
野口先生が本を出したのか
野口先生とは農学博士であり
東京医療保健大学教授の野口玉雄氏である
野口氏はフグ毒研究の権威として業界では知らない者はいない
伊藤も面識こそなかったが何度か情報交換を行ったことがあった
VERSEAU BOOKS
ベルソーブックス 036
(社)日本水産学会 監修
フグはフグ毒をつくらない
東京医療保健大学 教授 野口玉雄 著
成山堂書店
伊藤は野口氏の著作『フグはフグ毒をつくらない』を読んで驚愕した

これは…
ほしかったデータが
全て網羅されている！
ビリリリッ
野口氏の書籍には
フグ毒の正体から
毒を持つようになるプロセスを
具体的なデータと共に
養殖フグの安全性などが
分かりやすく示されていた

氏の研究によると
フグは体内で毒を
生成するのではなく
毒を孕《はら》んだ野生の餌を食べ
毒を蓄積
つまり生物濃縮で
毒を体に蓄えるという
事実であった
だからこそ
他のいくつかの生物にも
捕食による生物濃縮で
猛毒である
テトロドトキシンを
持つものが存在する
野口氏が調査した
養殖フグは実に8千尾にも及び
かつ毒は全く
検出されなかったという
もちろん
肝も含んでのことだ

つまり
一定の環境下で育てた
養殖フグであれば
肝も安全に食べられることが
証明されていたのだ！
余談だが
フグ肝食の禁止には
大きな矛盾がある
毒のある
可能性を持つフグが
一般に売られているのだ
スーパーなどの
一般小売店の鮮魚売り場で
よく見かける切り身のフグ
大サービス品
ふぐ　切り身
加熱用
699円
スーパー
アルバトロス
パック売りされているフグの身は
安全とされているが
中には厳正な検査をすると
微弱な毒が検出されるものもある
もちろん養殖ではないフグだ

これらは 健康に影響を
及ぼす程度のものではないので
黙認されている
忘れられない味
長崎 皿うどん
宮崎大地の恵み
フェニックスの卵
大サービス品
しかし 養殖トラフグからは
危険とされる肝も含めて
わずかな毒さえも
検出されていないのである
この現実が
現在のフグ肝食に
まつわる制度が
いかに曖昧な基準で
成り立っているかを
示しているといえる
やっぱり…
養殖フグに
危険性はないんだ!
VERSEAUBOOKS
ベルソーブックス 036
(社)日本水産学会 監修
フグはフグ毒をつくらない
成山堂書店

書籍には野口氏が
フグ肝料理の試食会を
開催した様子と
参加者の感想までもが
綴られていた
そして 感想の多くが
フグ肝の美味しさを称賛
アンケート
フグ肝食望む
「肝食復活を望む」
という声だった
よし!
今日は徹夜だ!!
ギゅっ
・・・・・いもがらぼくとの
底意地だ!!
それから伊藤は データを元に
フグ食をどう展開していくか
知恵を絞った

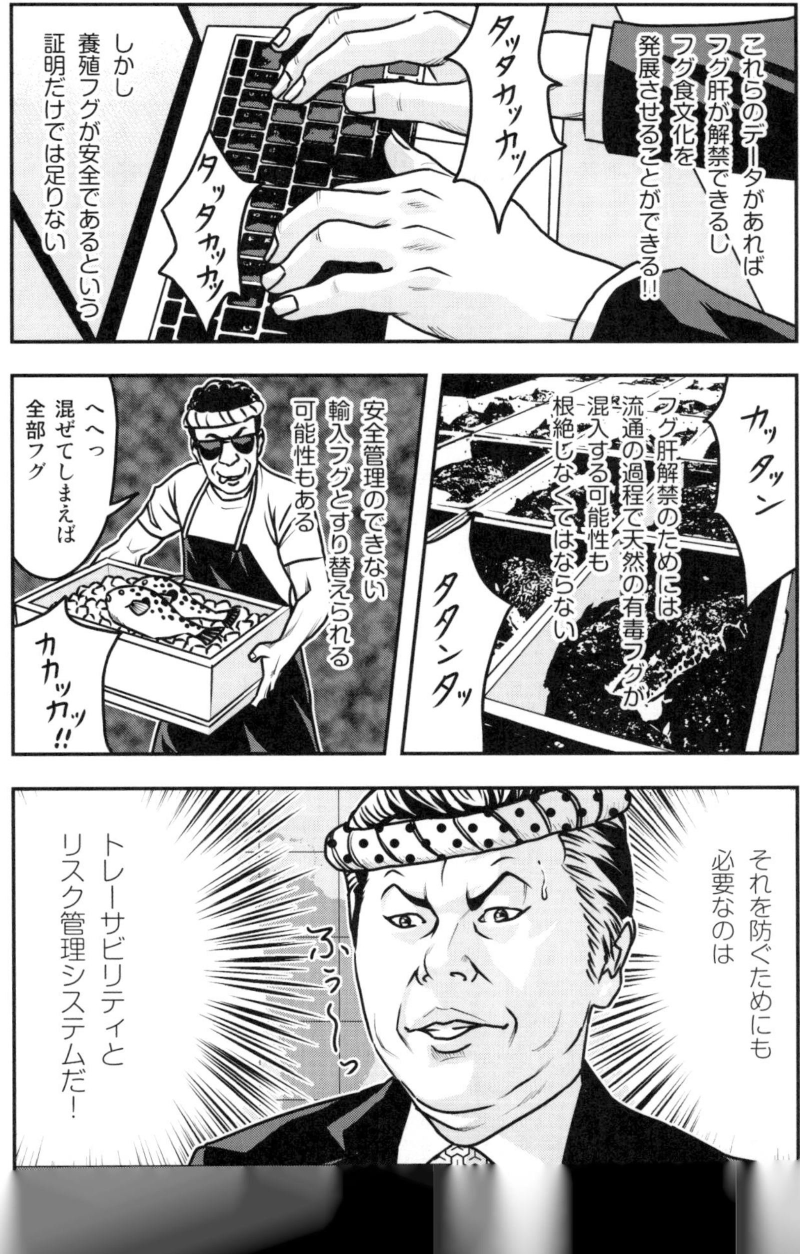
これらのデータがあれば
フグ肝が解禁できるし
フグ食文化を
発展させることができる!!
タッタカッカッ
タッタカッカッ
しかし
養殖フグが安全であるという
証明だけでは足りない
カッタッン
フグ肝解禁のためには
流通の過程で天然の有毒フグが
混入する可能性も
根絶しなくてはならない
タタンタッ
安全管理のできない
輸入フグとすり替えられる
可能性もある
へへっ
混ぜてしまえば
全部フグ
カカッカッ!!
それを防ぐためにも
必要なのは
ふぅ〜っ
トレーサビリティと
リスク管理システムだ!

養殖フグが
安全だということは
データで証明された
しかし それを徹底した
安全管理の下で
消費者の口に届ける仕組み
これこそが肝だ！
つまり養殖場から
水産加工業者 流通
店舗までを漏れなく
追いかけることができれば
安全性は担保される
そのためのテクノロジーは
いくらでもある
それに関わる人達の
相応の対価と
ルールを破った場合の
厳しいペナルティを設ける
ワオッ!!
ワオッじゃない
警察だ!!
さらに消費者にも分かるように
安心してフグやフグ肝を
食べられるようにする
ふぐ握り
ふぐ肝時価
ふぐ皮

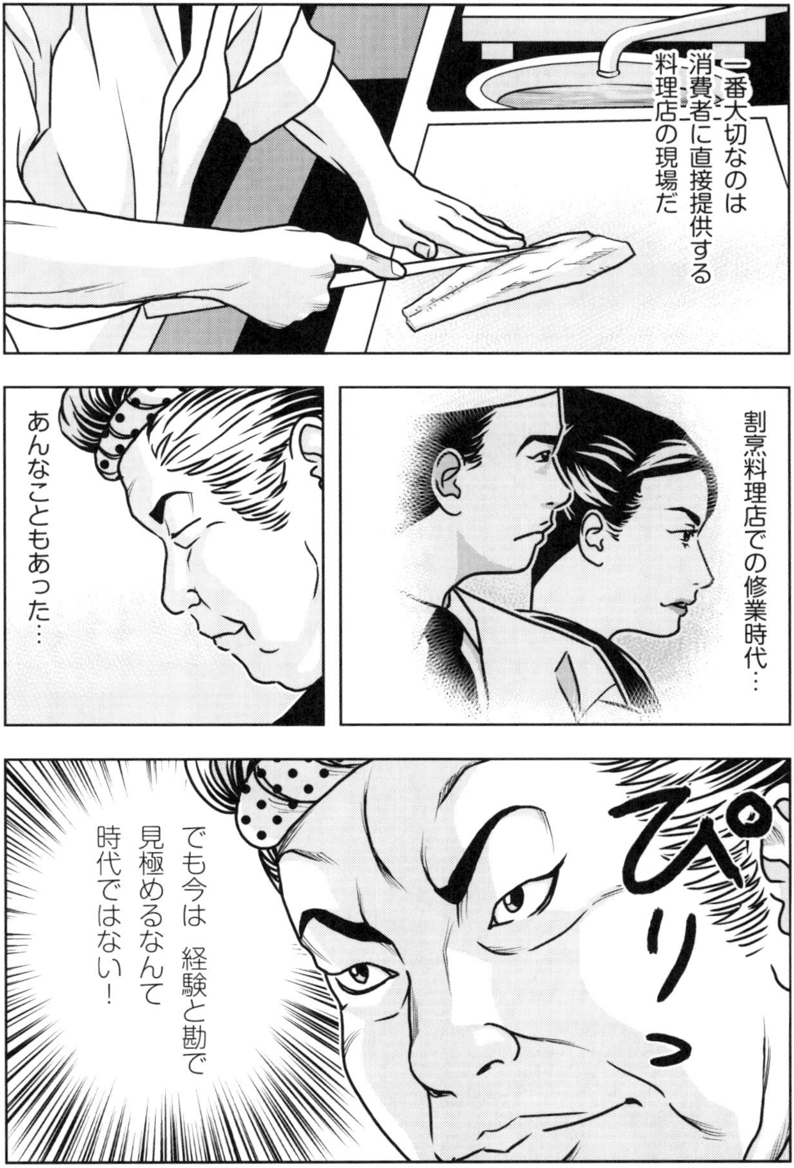
一番大切なのは
消費者に直接提供する
料理店の現場だ
割烹料理店での修業時代…
あんなこともあった…
ぴりっ
でも今は　経験と勘で
見極めるなんて
時代ではない！

とにかく全国でバラバラな調理免許を統一する必要がある
第〇〇－〇〇〇号
ふぐ処理師免許証
寅野島福太郎 様
昭和〇〇年〇月〇日生
〇〇県ふぐ取扱い規制条例
(昭和〇〇年〇〇県条例第一号)
により免許されたふぐ処理
師であることを証明する。
平成〇〇年〇月〇日
〇〇県知事 〇〇〇〇
フグ調理の免許をステイタスにして
料理人にもランクを付けることも必要だ！
伊藤は 思いついたアイデアを逐一まとめていき一連のレポートにした
殖フグ肝の安全性
ビリティ、リスク管理
そして厚生労働省に陳情《ちんじょう》に出向いた
これが認められれば日本の水産業界…いや 日本全体が変わる！

しかし
担当者の反応は
意外なものだった
バサッ
言いたいことは分かりました
いずれ検討します
は？ いずれって
いつのことですか？
文字通り
いずれですよ
約束はできません
そもそも
国が定めた規則ですよ？
そう簡単に
変わるものでは…

ばんっ
そういう姿勢が駄目だと言っているんです!
!!
あなたたちは単に私がフグで金儲けしようとしているとでも思っているのでしょう?
ビクッ

違う！ 現場の人間は
日々努力し汗水流して
知恵を絞っている！
フグは
そもそも庶民の食べ物であった
しかし このままでは
伝統のフグ食文化は失われ
食肉志向が高まるばかり
国の窓口である
あなたたちが
そんな態度では！
分かりました
分かりました
すっ
やれやれ…
いいや！
全然分かっていない！
お座りください！
すっ
どんっ
きゃっ!!

フグはそのほとんどの部位がA級のグルメであり味はまさに海の横綱
さらに健康志向の時代にとってヘルシーキングの食材なのです！
しかしその多くが捨てられている
つまり 宝を捨てて産業廃棄物を増やしているということです！
ポカンとしてる場合じゃない!!

あなたたちの中に
最近フグを食べたことがある
人はいますか？
いや
フグは高くて…
そこです
フグは確かに高い
しかし 養殖フグのすべてを
解禁し 流通が広まれば
高級イメージであった
フグの単価は安くなる
そうなればフグが再び
庶民の魚になるのです！

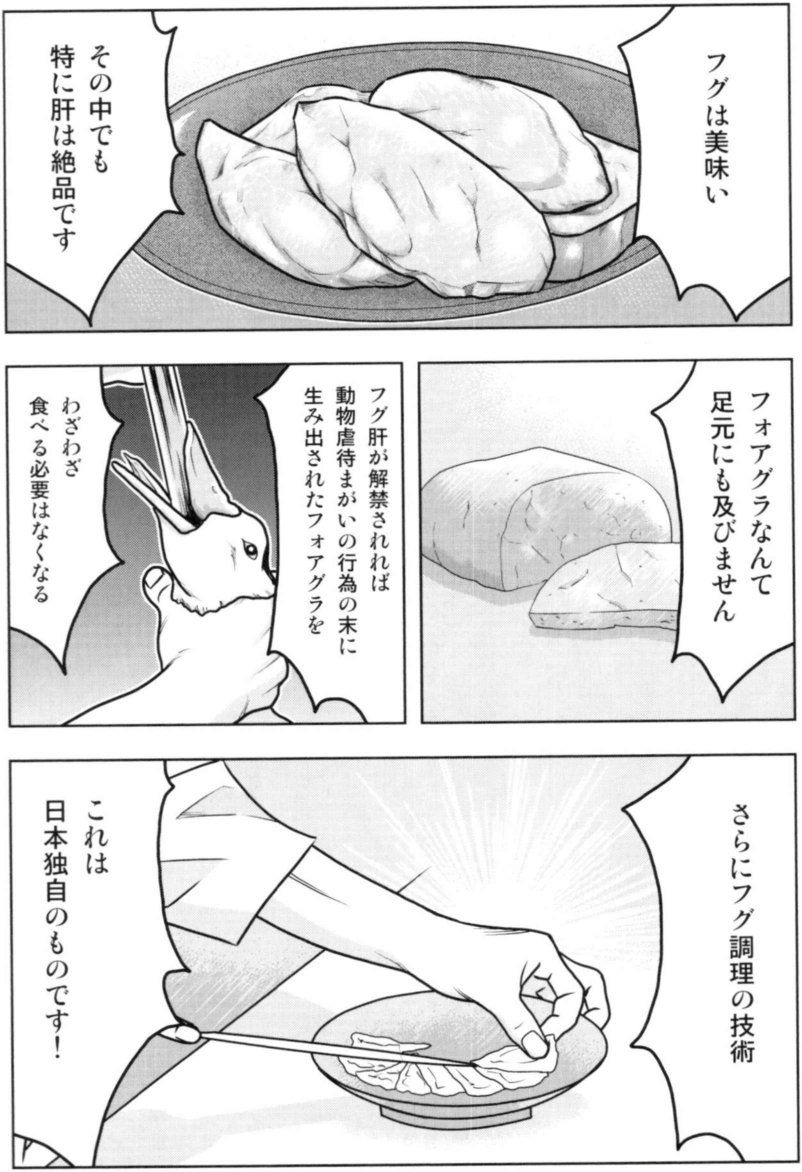
フグは美味い
その中でも特に肝は絶品です
フォアグラなんて足元にも及びません
フグ肝が解禁されれば動物虐待まがいの行為の末に生み出されたフォアグラを
わざわざ食べる必要はなくなる
さらにフグ調理の技術
これは日本独自のものです!

これを世界にアピールすれば
フグ肝を食べたいからと
来日するインバウンドも
増えるでしょう
ワァオ！
ジャパニーズフグ！
これまさに
ザ ジャパニーズテイスト！
（日本の味）
それによって
日本の強みがまたひとつ増える
なぜならフグによって
地方地域が潤えば
都市一極集中は分散
国内全体の経済は活性化
国も豊かになる!!
見てください
このトラフグの姿を
これが何に見えますか？
びしっ
あっ!!

そうです！フグは日の丸を背負った魚なのです
すなわちフグは国魚なんです！
冷静さを装ってる場合じゃないッ!!

伊藤によるこうした
国への働きかけとは別に
フグ肝解禁に向け
努力している自治体もあった
佐賀県による
「フグ肝特区」の申請である
唐津市の事業者「萬坊」などの協力を得て
唐津の陸上養殖のフグは
安全であるという
これまでの調査結果を提示
国に同県における
フグ肝食解禁の申請を行ったが
国はこれを却下
2017(平成29)年に
佐賀県は特区を断念した
伊藤さん
佐賀の特区の件だが…
佐賀県、ふぐ特区叶わず
ええ 知っております
我々の力が
及ばなかったようだ
国は安全の問題だと言うが…

温泉地では過去40年以上も無事故で肝が食され続けています今さら人体実験の必要すらないんです
心中お察しします結果は残念ですしかし…
私はあきらめませんよ!
あの日食べた感動を日本中の人に味わってもらいたい!
確かな技術をもった職人が胸をはって料理する隠語を使ってコソコソ食べる習慣も終わりにしたい!
そして日本のフグを世界に広めるんだ!
こうして何度も厚生労働省へ出向いた
また新しい資料ができたので持ってきました!
はいっ
日向夏

伊藤は
『フグはフグ毒をつくらない』の
著者である 野口教授とも親交を深めた
そして 政治家へ
直接働きかける活動も行い
厚生労働省へも何度も足を運んだ
禁止するだけが
安全対策だと
思っているのですか！
新聞などの媒体の
取材も積極的に受け
インターネットでも情報を発信
ミツイ水産は、安心・安全な食文化を世界へお届けする会社です。
日向灘で育まれた日本の味
ミツイ水産のふぐ BLOWFISH
その他の水産加工物 OTHER
お買い物ガイド GUIDE
お知らせ・ブログ BLOG
お問い合わせ CONTACT

こうしてフグ肝食の
賛同者を少しずつ
増やし続けている
伊藤吉成の閑話休題
ぼんっ
またまた登場
現在の伊藤です

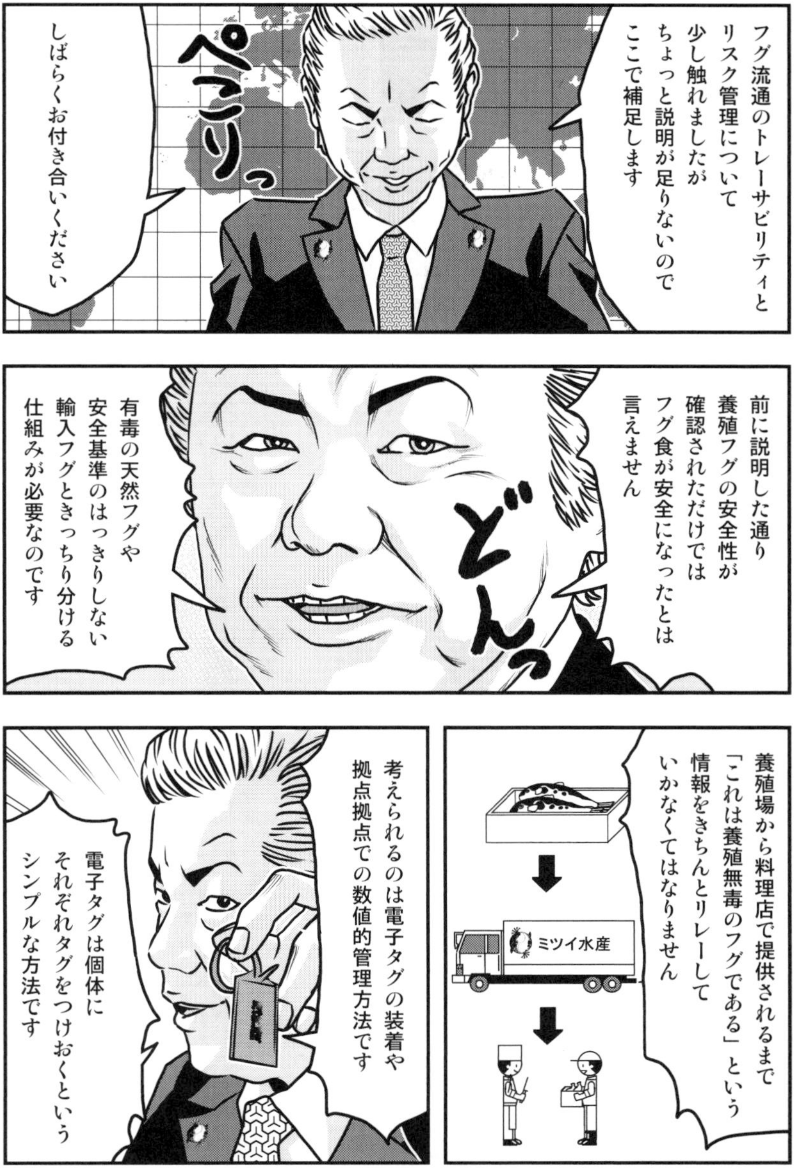
フグ流通のトレーサビリティとリスク管理について少し触れましたがちょっと説明が足りないのでここで補足します
ぺこりっ
しばらくお付き合いください
前に説明した通り養殖フグの安全性が確認されただけではフグ食が安全になったとは言えません
どんっ
有毒の天然フグや安全基準のはっきりしない輸入フグときっちり分ける仕組みが必要なのです
養殖場から料理店で提供されるまで「これは養殖無毒のフグである」という情報をきちんとリレーしていかなくてはなりません
ミツイ水産
考えられるのは電子タグの装着や拠点拠点での数値的管理方法です
電子タグは個体にそれぞれタグをつけおくというシンプルな方法です

調理店でさばく寸前まで
つけて置くので
個体単位での把握が可能になります
事実 水産流通における
電子タグの導入は研究が進んでおり
2020(令和2)年4月の時点では
実用化まであと一歩という状態です!
また 数値的管理は
養殖場から出荷する際に
「A養殖場 ○○○○尾出荷」と
1桁単位で情報を添付し
確認責任者のサインを入れます
そのフグたちが
卸の過程で小分けされ
分岐する際には
「A養殖場□□□尾」と
データも小分け化し
責任者がサイン
合計数も照合します
これを最後の納品まで繰り返し
全体数をトレースしていくのです
異常があればデータを遡《さかのぼ》り
発生時点での責任者をつきとめます
他にも色々な方法が考えられますが
それらを一つひとつ実証実験した上で
確実かつシンプルな方法を
採用していけばOKなのです

さらに無毒フグの正しい流通のためには人間の管理も必須です
第〇〇－〇〇〇号
ふぐ処理師免許証
寅野島福太郎 様
昭和〇〇年〇月〇日生
〇〇県ふぐ取扱い規制条例(昭和〇〇年〇〇県条例第一号)により免許されたふぐ処理師であることを証明する。
平成〇〇年〇月〇日
〇〇県知事 〇〇〇〇
「フグ取扱 許可証」
フグに関わる人には調理師以外にも「フグ取扱い」のライセンスを用意します
ライセンス取得には厳正な試験を行い
その知識と経験に応じてランクを分けます
フグ王
1級
2級
3級
これまさにクフ王ならぬフグ王への道なり！
同時に フグ調理師免許にもランクを設ける！
安全で美味しいフグを長く提供してきた人にはトリプルAなどのランクを授与
1
ここまでになると「鉄人」クラスです提供する料理にも相応の値段をつけて高級料理としてのフグを扱うことができます
流通業者もランクが上がればトリプルAの顧客からの注文を受けることができるようになり
頑張れば頑張るほど収入もアップします

補注：現在、フグの養殖業者にはフグの取扱いに免許が必要ありません。素人の釣人が自分で調理したフグを食して中毒を起こしても罰せられませんが、そんな事件が起こる度にフグ食やフグ調理師への風当たりは強くなり、免許を持つ付加価値が傷つけられてしまっています。

そして万が一にでも
中毒事故を発生させてしまったり
有毒フグを混入させて
しまったりした場合は
ライセンスは剥奪
ぱたぱた
会社やお店でもフグは
取り扱えないようになります
もちろん
刑事罰として
多額の罰金も設定
小さなミスに対しても
大きなリスクを背負います
調理の現場では
フグ肝など現在禁止されている部分を
提供する際に「証明書」を発行
消費者はフグを食べ終えて
中毒が現れる8時間を過ぎたら
証明書を破棄しても問題ありません
こうした
トレーサビリティと
リスク管理を徹底することが
誰もが安心できるフグ食文化の
構築につながるのです！
To be continued

フグコラム 4

「フグ食文化」を推し進めるために必要な、珠玉の一冊

漫画本編に登場した書籍『フグはフグ毒をつくらない』は、日本の水産業界はもちろん、国の施策に一石を投じ、私の活動にも大きな力を与えてくれた貴重な一冊です。

著者の野口玉雄先生は、40年以上にわたってフグ毒を研究し、日本各地の養殖業者と連携しつつ養殖フグを調査。研究の結果、「養殖フグに毒なし」という結論を導き出しました。そこに至るまでに調べたフグの数は8000尾にのぼります。驚くべき探究心です。各方面の協力があったことも推察されますが、それをふまえて考えても、野口先生の長きにわたる研究は称賛に値しますし、フグ食の現場に携わる人間としても、頭の下がる思いがします。

この本に書かれているのは、タイトル通り「フグはフグ毒をつくらない」という事実です。概要として一部を紹介すると、以下のような内容です。

- フグ毒「テトロドトキシン」とは何か?
- テトロドトキシンを持つ生物は?
- フグはなぜ毒を持つのか?
- フグが毒を持つようになる過程は?
- 毒を持たないフグを育てるには?
- フグ肝食の復活に向けて

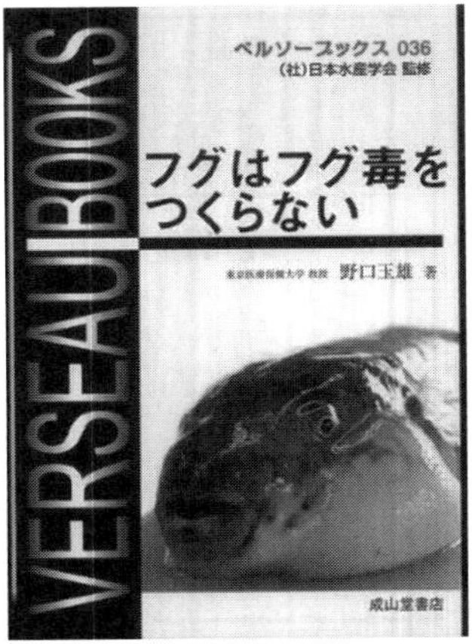

野口玉雄『フグはフグ毒をつくらない』成山堂書店

こういったことが、具体的なデータをまじえて書籍内でつぶさに綴られ、野口先生の思いも込めて「養殖フグの肝は解禁すべき」という持論を展開しています。全く同感です。

前述の通り、初代を含め4度も内閣総理大臣を歴任した伊藤博文は、たった1尾のフグを食べてその美味しさに感動し、「山口のフグに毒なし」と禁制を解きました。しかし今の日本では、8000尾のフグを調べて科学的根拠を提出してもそれを認めてくれないのです。厚生労働省は私の訴えをことごとく退けていますが、毎年大勢の中毒者を出している毒草・毒キノコなどについては法で規制することはせず、文字通りの野放し状態です。もちろんキノコや野草を調理するのに免許は不要です。

国の方針に対する疑問は他にもあります。石川県では、フグの卵巣を糠漬けにしたものが郷土料理として提供されています。これは、主に近海でとれた天然ゴマフグの卵巣を、3年間塩漬けして樽に寝かせ、さらに糠に漬けこんで毒抜きをした上で、土地の珍味として売り出しているものです。
この「毒抜き」ですが、伝統のプロセスを経ても微弱な毒は残されているようです。過去に中毒者も出ています。また、なぜ毒が減ってしまうのかは、科学的に見ても謎なのだそうです。
もちろん私は、石川県の郷土料理を誹謗中傷するつもりはありません。古くからの知恵を受け継いできた結果の、素晴らしい伝統食文化だと思っています。不可解なのは、このフグの卵巣の糠漬けを可として、養殖フグの肝を否とする国の判断なのです。
117ページの厚労省可食フグ一覧を見ても分かる通り、ゴマフグを含めフグの卵巣は国が食用として認めていません。しかし郷土料理の卵巣の糠漬けは、微弱な毒があっても、解毒の理由が謎であっても、お咎めなしです。郷土料理という視点で見るなら、大分にもフグ肝が郷土料理として供されてきた地域がありますが、こちらは禁止の対象です。大分県の湯治場では、江戸後期には天然フグの肝料理が食されていた歴史があり、文献にも残っています。さらに、一定条件下の養殖フグであれば肝も無毒であることが科学的に立証されているのにも関わらず、です。頑なに禁止の態度を貫きつつ、いかなる証拠にも、フグ肝がもたらす国家規模のメリットにも目をつぶったままなのです。

山菜採りやその調理を自己責任とするのであれば、なぜフグは法律で制限するのでしょうか。可食部分を示しつつ、根拠の無い例外を認めるのはどうしてなのでしょうか。そして、調査で無毒と判明したものまでも一括りにして禁止にしてしまうのは何故なのでしょうか。

国全体に福音をもたらす宝のようなフグであるにも関わらず、戦国時代の規則にしがみつき、前例を破ることを恐れ、科学的根拠にも目をつぶってしまう。もし一般企業にこのような社員が揃っていたら、会社は間違いなく潰れます。

きちんとした理解力を持ち、新しいことを恐れない人物が国の役所にもいることを信じながら、私は今後も活動を続けていきたいと思います。

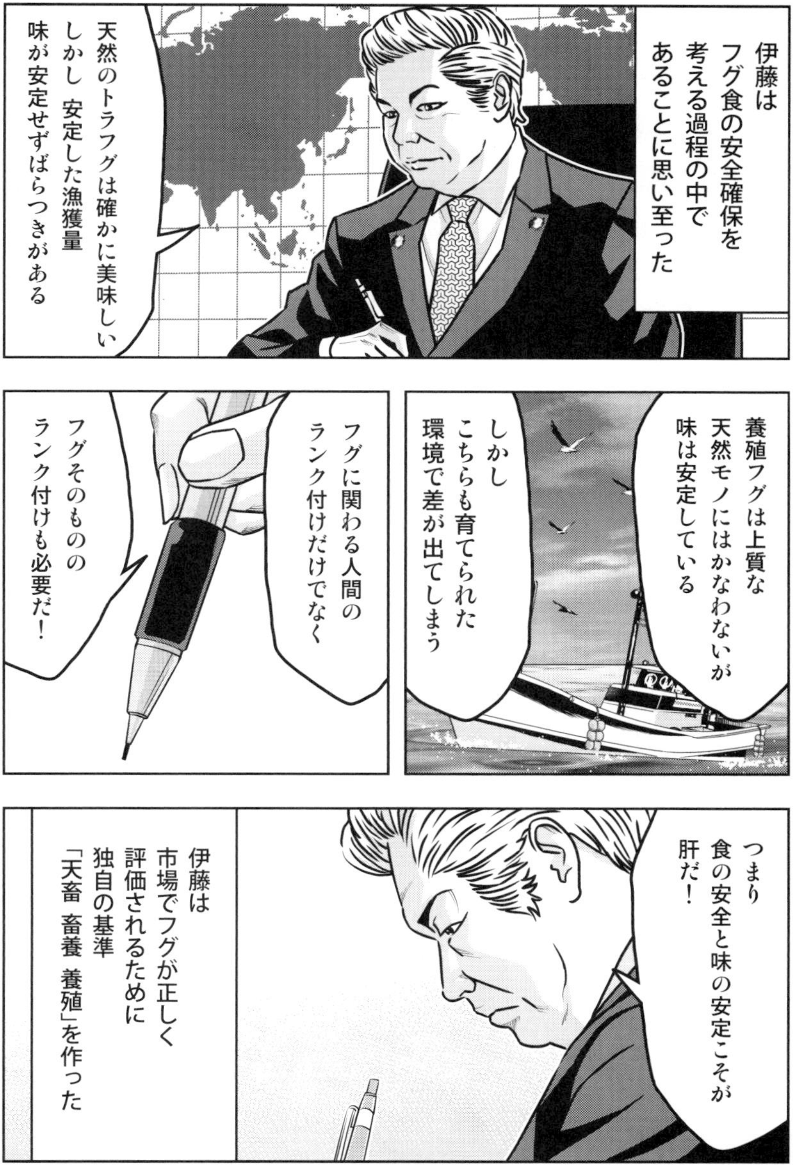
伊藤は
フグ食の安全確保を
考える過程の中で
あることに思い至った
天然のトラフグは確かに美味しい
しかし 安定した漁獲量
味が安定せずばらつきがある
養殖フグは上質な
天然モノにはかなわないが
味は安定している
しかし
こちらも育てられた
環境で差が出てしまう
フグに関わる人間の
ランク付けだけでなく
フグそのものの
ランク付けも必要だ！
つまり
食の安全と味の安定こそが
肝だ！
伊藤は
市場でフグが正しく
評価されるために
独自の基準
「天畜 畜養 養殖」を作った

養殖フグには大きく分けて「陸上フグ」と「海上フグ」がある
伊藤が作った「天畜 畜養 養殖」は陸上 海上の環境による分類ではなくより良質なフグを提供するためのこだわりに基づいたランキングだ
もちろん全部自社で調理して品質の確かさもチェック！これでお客様が毎度品定めしなくても求めているフグがどこからでも簡単に仕入られるようになるぞ！

補注：陸上養殖より海上養殖のほうがランクは一枚上手になります。
ミツイ水産では、フグごとにどれぐらい塾生させれば美味しく食せるかも吟味した上で提供しています。

天畜フグ
天然フグの身質に近付けた養殖フグが“天畜フグ”。「餌・稚魚・水・環境・歯切り・扱い」の６点が厳正に管理された養殖場で育ったものに限定し、どこまで天然フグの域に達したかというレベルは「味・質・色・サイズ」の独自基準にのっとって決める。身質に透明感、粘り、甘味、香りがあり、身の色や伸びが良く、歯ごたえとコクがあるもの。加熱したときの香りも良く、かつ1.5kg前後で、一番の熟れ時に該当するものを指す。
畜養フグ
天畜フグよりもワンランク劣るが、味・質ともに十分な中位レベルのものを主に“畜養フグ”として使用する。また、取引先の養殖業者が生産した養殖フグのうち、特に品質が良いものも“畜養フグ”として選別する。
養殖フグ
シーズン前に取引先の養殖場からサンプルを取り寄せ、刺身と加熱処理した際の品質と味の確認を実施。次に陸上フグと海上フグに優先順位を付け、価格と品質の安定したものを“養殖フグ”として決定する。
伊藤はお客様がより買いやすいようにと
このランキングをもとに自社製品を販売
十分な知識がなくてもフグの品質が
分かりやすくなるよう工夫した

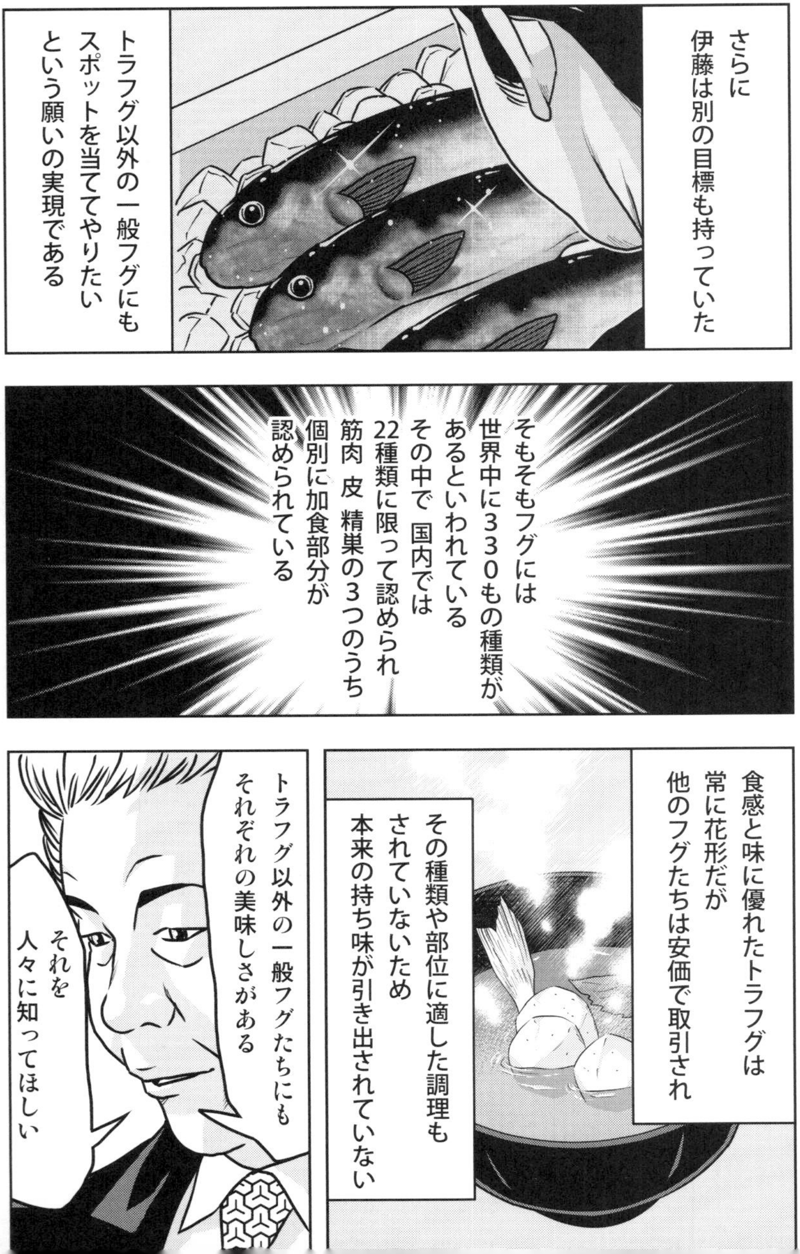
さらに
伊藤は別の目標も持っていた
トラフグ以外の一般フグにも
スポットを当ててやりたい
という願いの実現である
そもそもフグには
世界中に330もの種類が
あるといわれている
その中で 国内では
22種類に限って認められ
筋肉 皮 精巣の3つのうち
個別に加食部分が
認められている
食感と味に優れたトラフグは
常に花形だが
他のフグたちは安価で取引され
その種類や部位に適した調理も
されていないため
本来の持ち味が引き出されていない
トラフグ以外の一般フグたちにも
それぞれの美味しさがある
それを
人々に知ってほしい

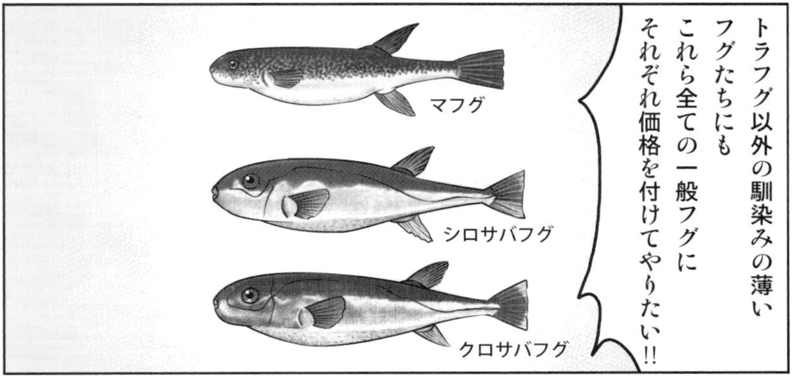
トラフグ以外の馴染みの薄い
フグたちにも
これら全ての一般フグに
それぞれ価格を付けてやりたい!!
マフグ
シロサバフグ
クロサバフグ

前述の通り 日本では数あるフグの中で
22種類が可食フグとして認可されている

国が定める処理等により人の健康を損なうおそれがないと認められる
フグの種類及び部位

科名	種類(種名)	部位		
		筋肉	皮	精巣
フグ科	クサフグ	○	—	—
	コモンフグ	○	—	—
	ヒガンフグ	○	—	—
	ショウサイフグ	○	—	○
	マフグ	○	—	○
	メフグ	○	—	○
	アカメフグ	○	—	○
	トラフグ	○	○	○
	カラス	○	○	○
	シマフグ	○	○	○
	ゴマフグ	○	—	○
	カナフグ	○	○	○
	シロサバフグ	○	○	○
	クロサバフグ	○	○	○
	ヨリトフグ	○	○	○
	サンサイフグ	○	—	—
ハリセンボン科	イシガキフグ	○	○	○
	ハリセンボン	○	○	○
	ヒトズラハリセンボン	○	○	○
	ネズミフグ	○	○	○
ハコフグ科	ハコフグ	○	—	○

※ナシフグについては筋肉（骨を含む）：有明海・橘湾・香川県および岡山県の
瀬戸内海域で漁獲されたものおよび精巣
有明海・橘湾で漁獲され長崎県が定める要領に基づき処理されたものに限り
食用が認められている

さらに料理人であった伊藤は
様々なフグの料理法を研究
「家庭の中でフグを気軽に食べてほしい」
それを若い人たちに伝えようと決めた
創作料理本
ふぐごはん
第3号
専修学校常盤学院
鹿児島純心女子大学
ミツイ水産株式会社
専修学校常磐学院
宮崎調理製菓専門学校
鹿児島純心女子大学などと協力して
レシピ本を出版
鍋や丼はもちろん
マリネ ミルフィーユ 餃子
スンドゥブなど
とらふくボール
ふぐ粥
和洋中韓の垣根を超えた
延べ300種以上のレシピが
掲載されたこのレシピ本は
シリーズ4冊にわたり
全国の直販料理店に
無償配布されている
様々な活動をしてきて分かった
フグは食文化や経済効果
それ以前に人々を幸せにする
力を持っている
そして
その最たるものがフグ肝だ!

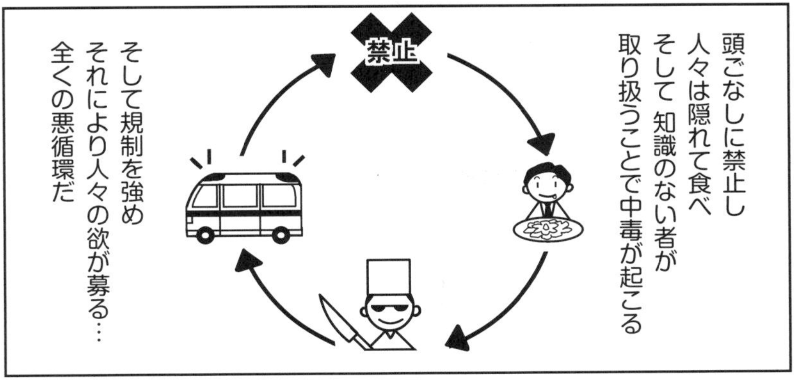
頭ごなしに禁止し
人々は隠れて食べ
そして 知識のない者が
取り扱うことで中毒が起こる
禁止
そして規制を強め
それにより人々の欲が募る…
全くの悪循環だ

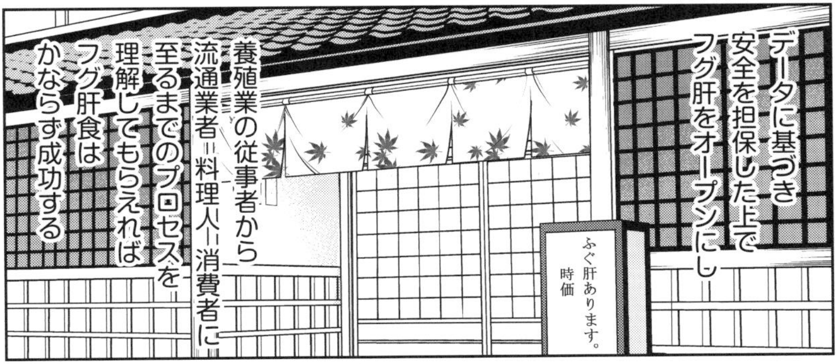
データに基づき
安全を担保した上で
フグ肝をオープンにし
ふぐ肝あります。
時価
養殖業の従事者から
流通業者＝料理人＝消費者に
至るまでのプロセスを
理解してもらえれば
フグ肝食は
かならず成功する

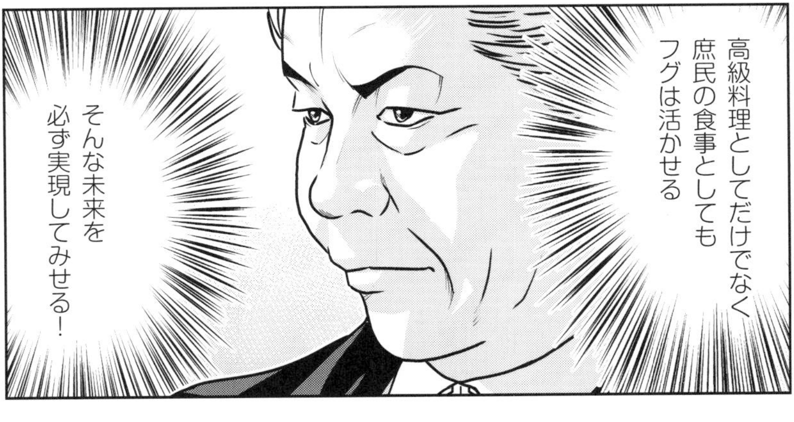
高級料理としてだけでなく
庶民の食事としても
フグは活かせる
そんな未来を
必ず実現してみせる！

伊藤吉成の閑話休題
伊藤です もう一度だけ お付き合いください
ガチャッ
ここまで読んで 私がフグに賭ける思いは だいたいお分かり いただけたかと思います
中には たかがフグで大袈裟な… と思っている人もいるかもしれません
しかし！ これは決して 大袈裟な話ではなく 夢物語でもありません
ばんっ
フグは間違いなく 日本を変えるのです！
まずは栄養という面で フグを見てみましょう

伊藤吉成の
フグのすごいチカラ！

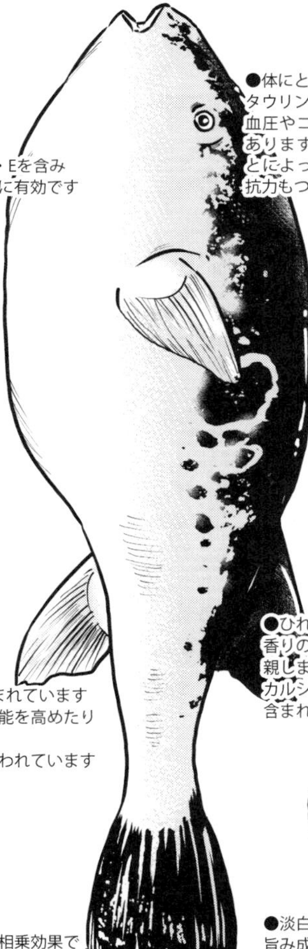

●体にとってもいい！
タウリンは栄養ドリンクで有名な栄養素
血圧やコレステロール値を下げる働きがあります。体の各部分の機能を高めることによって様々な病気や症状に対する抵抗力もつけてくれます

●ビタミンたっぷり！
ビタミンB2・B6・B12・D・Eを含み
冷え性・肩こり・疲労などに有効です

●お肌ぷるぷる
皮に大量のコラーゲンを
含んでおりお肌には
極めてよい食材です

●ダイエットの強い味方！
フグの白身は超低脂肪
脂肪分が１%以下という特殊な魚なのです

●ひれも美味！
香りの良い「フグひれ酒」で親しまれていますが豊富なアミノ酸やカルシウム良質なコラーゲンも
含まれています

●ガン予防も期待できる！
フグの背中の黒い部分には
「セレン」という成分が含まれています
これは抗ガン作用や免疫機能を高めたり
抗酸化の働きをする成分で
ガン予防も期待できるといわれています

●血液さらさら！
タウリンとグリニシンとの相乗効果で
さらに血中コレステロール値を減らす
効果が期待できます
高血圧予防・動脈硬化予防などにも！

●淡白なのに旨みがある！
旨み成分のグルタミン酸やイノシン酸
タウリンなどが含まれているので
淡白な味わいながらも絶妙な
旨みがあります

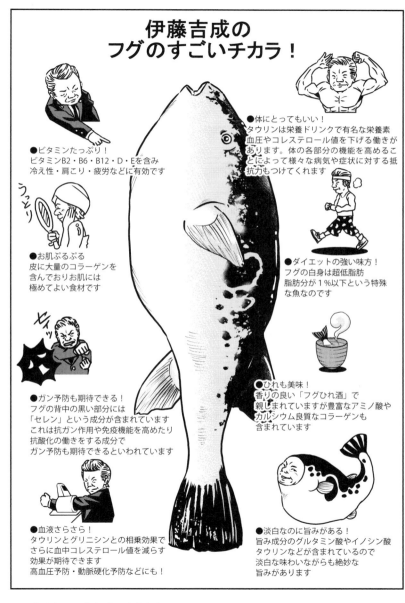

この通り
養殖フグに毒がない
ということを知れば
ざっぱーっ～～んっ
いいことずくめの魚
「ヘルシーキング」
なのです！
次にフグの市場価値です
今は高級食材のトラフグと
その他の安価な一般フグに
二極化されています
フグの養殖ランキングと
料理人のランキングを作ると…
ランクの高い料理人が手掛けたフグ
特にフグ肝は超高級食として
そうでないものは
そのランキングに応じて
価格帯も変わってきます
ふぐ肝 時価
高級フグから身近なフグまで
様々なバリエーションが生まれ
晩のおかずとしても楽しめるし
高級料亭で接待しても
喜ばれるという構図が
完成するのです！

フグ肝が解禁されれば
今までゼロだった
フグ肝の需要が急激に伸びて
供給不足に陥る可能性は大
品切れ
しかし その場合は
フグの養殖場を増やすか
規模を拡大すればOKです
需要に対する供給量の不足は
市場価格の上昇
つまり養殖業者の利益に
つながるので
参入したがる業者は
多くいるでしょう
ベンチャーを目指す
ことも可能です
もちろん新規参入者には
より厳しいチェックを
設ける必要があります
そして 当然ですが
食べたくない人にまで
フグ肝はすすめません
需給のバランスを
取るためにも
好きな人だけが
楽しめばいいのです
前述のような市場価値が
発生することによって
まず店舗や食卓がにぎわいます
経済効果大です!

フグの需要が
高まれば流通も活性化し
海を支える業従者たちも
豊かになり…

過疎化が懸念されていた
漁村などに若者を
呼び戻すことができます!

もちろん
これらを実現するためには
厳しい制限を設けなくては
なりません
前述のようなトレーサビリティや
違反者に対する厳しいペナルティのほか
保健所による抜き打ち検査も必要です

フグ肝に関しては
輸入モノは一切不可として
輸出も禁止すべきでしょう
それによって フグ
そしてフグ肝は…

日本だけの伝統食としての
地位を確立します！
じゃっぱ〜しんっ
海外からは
フグ肝を食べたいと
観光客がやってくる
オウ！
ジャパニーズフグ!!
クセのない濃厚な旨みは
世界中の人々の舌を
うならせるはず
そして
食べた人が自ら
宣伝役をつとめてくれて…
amazing!!
フグ肝は世界中でも
日本でしか食べられない
プレミア食になるのです
だから私は何度でも
繰り返し伝えたいのです
フグには
「日本を変える力がある」と！
どっぱ〜ん

フグ
コラム
5

「フグ肝食の解禁」実現への近道

フグ肝食の解禁について、国は極端に及び腰です。我々が膨大な実験結果を示して安全性を証明しているのにも関わらず、一向に首をタテに振ろうとしません。それはなぜなのでしょうか？　行政が陥っている〝前例主義〟という体質、そして何か起きた時に自分達に責任が及ぶことを避けたいという逃げの姿勢が原因なのだろうと思われます。国民の命を背負うという役割のために慎重にならざるを得ないのかもしれませんが、慎重にもほどがあります。新しいことに挑戦しないと、国は良くなりません。ではどうすれば良いのでしょうか？

私の用意する答えは、「フグの肝食解禁は都道府県単位で行い、従来の免許制度と同様、都道府県の責任において、知事の認可のもと地域ごとに管理する」というものです。おそらくこれが、〝全体最適〟で行うフグ肝食解禁の一番の近道なのです。

この考えに基づけば、国（厚生労働省）は地方の自治体に任せることができるので、立場上の重荷も軽くなります。地方では、自治体と保健所、調理師組合が合同で組織をつくり、制度を地方単位で運用することで、厚労省と責任分配ができます。そもそも現在の免許制度が地方単位となった大きな理由は、地域ごとにフグの名前が違ったり、扱いが異なったりして、一貫性が無いからなのです。他にも理由はありますが、様々なしがらみで免許の一本化や肝食の一斉解禁が難しいのであれば、地方の行政に任せてしまえばいいだけのことなのです。

前述の通り、大分など一部の地方では、フグ肝が郷土料理として食べられてきた歴史があります。石川県では天然フグの卵巣を糠漬けにしたものが郷土料理として売られています。このように、地方によって食べ方も、捕れるフグの種類も違うのです。だからこそ、それぞれの地域性に合わせた独自の調理方法を考えて、安全対策を指導し、管理システムを確立して、そのやり方を条例で定めればいい。地方独特の免許制

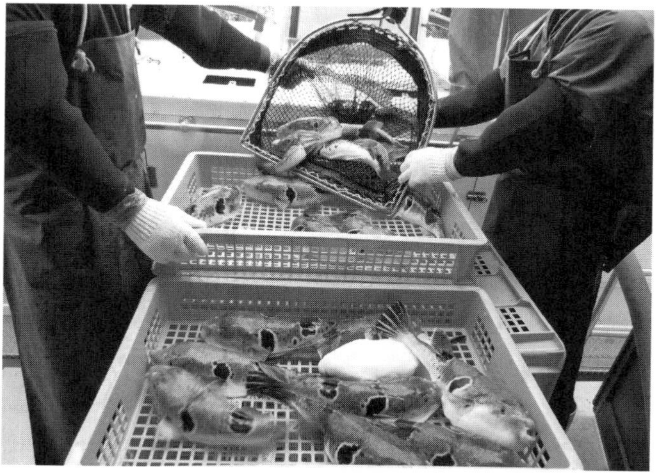

度・食品安全管理制度として各都道府県の知事が責任証明書に印鑑を押し、厚労省に申請して、安全対策としての認可を得た上で「養殖フグに限り肝食は可」とすることで、その地方独自のフグ肝食解禁にすればいいのです。さらに市区町村の現場では、調理師組合でお互いが管理し合い、そして助け合うことで、総合安全対策環境が保たれます。

この管理体制の下で万一のことがあれば、消費者の皆さんは、制度を守らない者を決して許さないでしょう。これは当然です。さらに違反者は法や条例でも裁かれます。こうしたことにならないよう、地域のフグ取扱事業者、調理師組合、自治体や保

健所は力を合わせて講習会や検査などを徹底し、安全対策のインフラが守られていくようになります。これらの努力の上で、地域では調理レベルが上がり、フグ肝が地域観光の目玉になることは言うまでもありません。

フグ肝食の解禁は、都会では巻き込む人や団体、事業者が多いため考え方の統一が難しいかもしれません。むしろ、田舎の小さなまちの方が全体を管理しやすく、組合など団体同士の話し合いもまとまりやすいため、ハードルが低いと思われます。このような規模の小さなまちから順次フグ肝を解禁していけば、地域の物産が賑わいを見せ、地方にフグ肝を賞味しにいくという人の流れを生み、水産文化そのものが見直されることでしょう。こういったヒト・モノ・お金の動きは過疎化対策にも貢献するはずです。これが私の提案するフグ肝食解禁の〝全体最適〟であり、同時に最もスピーディーに解禁を実現する方法なのです。

伊藤の学びと研究はまだまだ続いている
養殖フグでは やはり良質な天然ものの美味しさには勝てないのだろうか…
Aランクの「天畜フグ」は確かに美味い だが自然の中で育まれた天然フグの歯ごたえとコク 五感に訴えかけてくるうま味にはあと一歩及ばない
鍵は環境にあるのか…
それとも餌か…
そんな中 ある養殖業者からの相談があった
ミツイ水産株式会社
TEL0982-23-8787 FAX0982-23-8288
フグを買い取っていただきたい
その様子では何かいわくつきですか?
実は…4年ものの養殖フグなのです
えっ!4年!?

養殖のフグは
およそ2年で出荷されるのが一般的だ
フグは神経質でデリケートな魚なので
長期間生簀にいると噛み合いをしたり
病気に罹ったりしてしまうからだ
そのため養殖業者は
販売に適したサイズに成長すると
できるだけ早めに出荷しようとする
4年という養殖期間は完全に
規格外だった
経営上のトラブルがありまして
予定外の4年養殖になってしまったんです
とにかく見てみないと始まらない現地に行きましょう
宜しくお願いします！
現地にて
これが4年モノの養殖フグ
泳ぎっぷりは元気だし商品にならないほど傷んでいる訳でもなさそうだ何よりよく太っている
1尾さばいても良いですか？
もちろんです

見事なお手並みですね
元は板前ですから
美味い！
天然モノにも負けない味だ！
ほんと
こりゃ美味い！
全部買い取ります！
あ ありがとうございます！
本当にフグの可能性は
無限大だな
伊藤はこれをヒントに
様々な生育条件を調査し
4年養殖の熟成フグを
安定生産させる取り組みを続けている

そして現在
ご無沙汰です！
ご注文のフグを
お持ちしました
おぉ！ 伊藤さん
こいつは直々に
恐縮ですな
伊藤さんのところの
フグは評判だ
おかげで繁盛してるよ
まだまだです
これからはもっと
美味しくなりますよ！
フグ刺し
もう2人前追加で！
こっちは
ヒレ酒ね！
はいよ！

いずれお客さんにフグ肝も提供できるようになりますよ！
ほう！ そうなると和食はもっと面白くなるねぇ
今じゃフグ肝の美味しさを知ってるやつもすっかり減っちまったからなぁ
全くです
フグ肝ってそんなに美味いんですか？
そりゃ美味い！ こう ポン酢にちょいとつけて ああ 言葉じゃ伝わらねぇな！
とにかく絶品ですよ ご禁制だから大っぴらには言えねぇんだが
へぇ〜 一度食べてみたいな
必ず食べさせてみせますよ！
堂々とね！

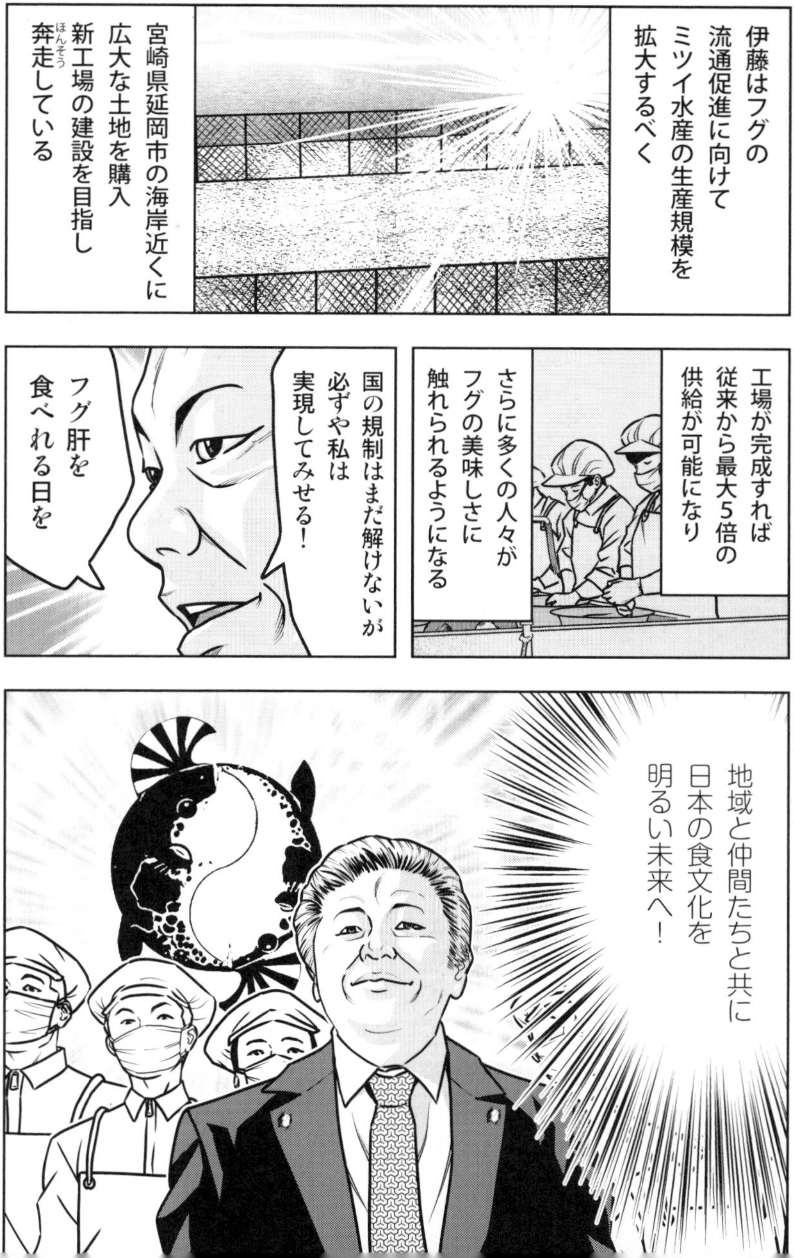
伊藤はフグの流通促進に向けてミツイ水産の生産規模を拡大するべく
宮崎県延岡市の海岸近くに広大な土地を購入新工場の建設を目指し奔走《ほんそう》している
工場が完成すれば従来から最大5倍の供給が可能になり
さらに多くの人々がフグの美味しさに触れられるようになる
国の規制はまだ解けないが必ずや私は実現してみせる！
フグ肝を食べれる日を
地域と仲間たちと共に日本の食文化を明るい未来へ！

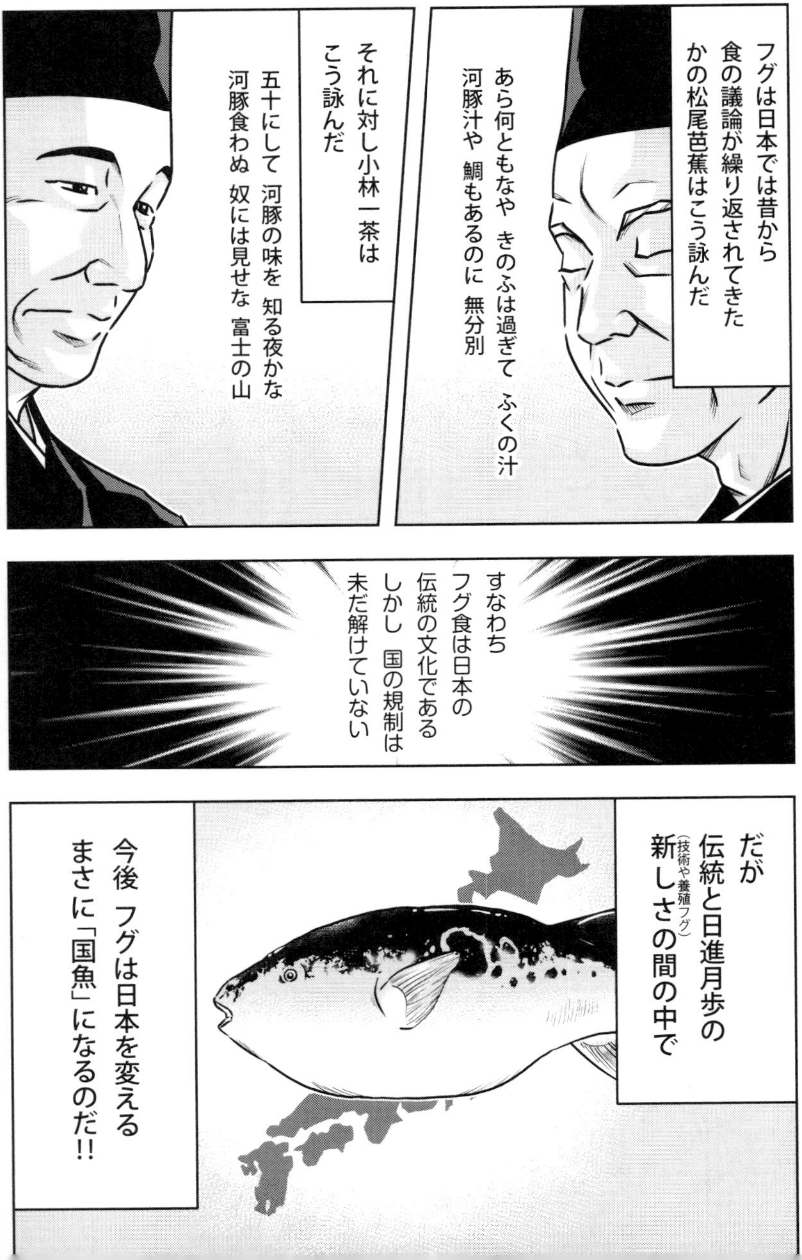
フグは日本では昔から
食の議論が繰り返されてきた
かの松尾芭蕉はこう詠んだ
あら何ともなや　きのふは過ぎて　ふくの汁
河豚汁や　鯛もあるのに　無分別
それに対し小林一茶は
こう詠んだ
五十にして　河豚の味を　知る夜かな
河豚食わぬ　奴には見せな　富士の山
すなわち
フグ食は日本の
伝統の文化である
しかし　国の規制は
未だ解けていない
だが
伝統と日進月歩の
新しさ（技術や養殖フグ）の間の中で
今後　フグは日本を変える
まさに「国魚」になるのだ!!

発刊に寄せて

ミツイ水産は平成3年の創立から今日に至るまで、九州・宮崎の地に拠点を置き、日向灘の幸を全国へお届けしています。自然の恵みを最大限に生かした21世紀の商品づくりを目指すことにより、食の喜びを多くの方々に届け、同時に〝夢と味と心〟を商品にのせて安心・安全で豊かな食を提供していく会社でありたいと願っております。

現在の情報化社会の中では、大切なものも置き去りにされてしまう傾向があります。そんな失われつつある食文化の原点に立ち、本物志向を再認識すると共に、忘れ去られた味の懐かしさを感じられるような製品を作り続け、今後も日本の食文化を守り、新製品開発を行い続けていくのが弊社のミッションです。中でも、私たちが特に力を入れているものの一つが「フグ食」であり、「フグ肝食の復活」です。これについて、老若男女誰にでも分かりやすく、フグの素晴らしさが伝わりやすい方法はないかと考えて、漫画というスタイルを選び、本書を刊行するに至りました。

＊　＊　＊

私がフグ肝の魅力を知ったのは18歳の頃。漫画本編で描いた通り、自立を目指して板前修業をする中でのことでした。当時はまだ世の中も寛大で規制も緩く、保健所の職員が料亭で天然フグの肝を食べていたような時代（約80年、暖簾を続けて来た老舗割烹の女将さんも一度もフグ中毒を出したことがないと自慢していました）。そんな中で板場の先輩に食べさせてもらったフグ肝の美味しさは、私の五感を揺さぶり、「世の中にはこんなに美味いものがあったのか！」と衝撃を受けました。それ以来、フグの魅力にとりつかれ、フグの持つ可能性と日本の未来とをどう結び付けるか、そればかり考えながら人生を歩んできた気がします。

漫画本編には、そんな私の想いをできるだけ多く注ぎ込んだつもりです。それでもなお、私が直面してきた理不尽な現実や、噛みしめてきた苦労は語り尽くせないほど残っています。フグの持つ可能性もしかりです。それほどまでにフグという魚は奥が深く、だからこそ魅力的なのです。今回伝えられなかった部分については、次の機会にいたしましょう。

なお、本書ではわかりやすくするためにカタカナで「フグ」と表記していますが、これについても補足が必要です。

一般的な漢字表記では「河豚」と書いてフグと読みますが、これは中国から渡来した表記であり、具体的には上海の海から川へ遡上している「メフグ」のことを指します。そのため「河」という文字が使われているのです。

これに対し、「トラフグ」は日本近海の水深30～60メートル付近に生息しています。稚魚から4～5年を経て成魚となり、深みから浅瀬にきて産卵します。トラフグはその生息状況、つまり気候や海水温、水深などによって食べている餌も変わるため、これが味の違いにも影響し、いつ・どこで獲れたかで価値も変わってきます。それでもなお、日本近海で獲れたトラフグが高級魚であるという事実には変わりありません。

美味、という面では他の追随をゆるさないこのトラフグ……日の丸を身にまとった日本の国魚であるトラフグが、海外の川で獲れる一般フグと同じ漢字表記だということに私は違和感を覚え、まずは日本のフグの漢字を「魚豚」に、中でもトラフグは「虎魚豚」とするのが正しいのではと考えました。このアイデアを特許庁に申請したところ、そうした表記は他で使われていないということで登録申請の許可を頂き、日本名トラフグを「虎魚豚」として商標登録しました。今後、フグ食文化を広める活動の中で、この「虎魚豚」という表記の認知も広げていきたいと思っています。

＊　＊　＊

このような私の活動の中で、フグを通して素晴らしい人物とのご縁がいくつもできました。漫画本編では、ページの都合で十分に紹介できませんでしたので、この場を借りて、深いお礼の意味を込めつつ紹介させていただきたいと思います。

水産業に関わる者として、私がとりわけお世話になったのが、長崎県松浦市の西日本魚市様です。この水産会社の皆さまには、弊社が苦境にあった時に資金面を含めた応援を受けるなど、ひとかたならぬご厚情をいただきました。

当時の販売課長だった入江様とは、色々なフグに携わる企画計画をして、市場が賑わうような仕掛けを作らせていただきました。ビジネスパートナーの域を超えて色々と相談に乗ってくださり、長崎県のホルマリン問題が起きた際には直属の上司の宮本専務と私を引き合わせてくださいました。

宮本専務とのご縁が生まれ、私の水産人生は大きく変化しました。ロシア、中国、ミャンマー、タイなど様々な国を共に訪問しつつ、フグの肝、フグの免許制度などについて意見を交わし合いました。国際貿易についても意気投合することが多く、政治家の先生方と良好な関係を築くきっかけを与えてくださいました。私と政治家の方々との橋渡しをしてくださった宮本専務ですが、ご本人はむしろ「政治家よりも政治家らしい」方です。地域のため、ということを真剣に考えて国に意見を申し述べる「侍魂」を備えた方なのです。この様な方が政治の世界にいたならば、国はもっと良くなることができたのでは……と私は感じており、非常に尊敬しております。

こうしたご縁や情報を得ることを通して、弊社の水産事業の骨格ができたように思います。宮本専務は、現在長崎県松浦市の市議会議員を務める傍ら、養殖魚輸出協同組合の総責任者をされていますが、今後も水産業の「恵比寿様」でいて頂きたいと切望しております。

また、会長の森永様も、弊社が苦しい状況にある時に、松浦から延岡まで6時間かけて足を運んでいただき、財務収支に関することでご尽力してくださいました。時には厳しい言葉も頂戴しましたが、水産利益率に関する助言を多く頂いたことで、現在の弊社があると自覚しており、深く感謝しております。

吉田様は競りを中心とした業務に携わっておられましたが、養殖関係の担当に就かれてからは色々な情報をくださいました。常に現場を第一に考えて動くその姿勢には胸を打たれます。唐突に弊社に来られて、パートスタッフに持ち切れないほどの「おやつ」を差し入れてくださったことも一度や二度ではなかったと記憶しております。弊社の社内でも特に評判が良い方ですが、私も、どこか違う感性を持った人物だと感じておりました。その後、西日本魚市の社長に就任されましたが、森永会長が推選された理由も解る気がいたします。

そして、部長の濱村様。弊社の仕入れを一手にお願いしていることもあり、ミツイ水産のことを知り尽くし、求める内容を的確に把握して上司に伝え、困ったことがあればその都度力を尽くしてくださいました。弊社とは立ち上げ時からのお付き合いで、共に戦ってきた戦友のような方です。

さらに、森永会長が財務総責任者だった時に、弊社の財務の協力に推選された常務の小川様。水産運営の資金のことを熟知されており、様々な相談に応えていただいています。感謝の念に堪えません。

＊　＊　＊

西日本魚市の皆さま以外にも、実に多くの方からお力添えをいただきました。中でも印象に残っているのは、平成29～31年まで水産庁長官を務められた長谷成人様です。以前は宮崎県庁でも3年ほど在任され、農政水産の分野で多大な貢献をされています。初めて長谷元長官にお会いしたのは、西日本魚市の宮本専務が霞が関の水産庁に連れて行ってくださった時のことでした。ここでご縁が生まれ、後の全海水の海外に向けての会議でお会いした時などは、フグの肝の問題などに対しても熱心に話を聞き、応援してくださいました。加えて、弊社の新工場の件でも、色々と相談を聞いて頂きました。サッカー好きな方で、粋な帽子が印象に残っております。

そしてもうお一人、平成28～29年にかけて農林水産大臣を務められた山本有二先生。現在、全国養殖魚輸出振興協議会・会長の任に就かれている山本先生には、本当に色々な場面で助けていただきました。神奈川県のふぐ処理免許制度の自由化のことは今でも忘れられません。インターネットでは神奈川に向けて販売ができるのに、店に卸すことはできないという何ともちぐはぐな状況を、山本先生のご助力で東京都と同じように「加工業者がふぐ免許を持っていれば問題なし」というように制度を変える後押しをしてくださいました。さらに、ロシアへのフグ輸出解禁の際にも厚生労働省の塩崎大臣をご紹介いただくなど、大変なご尽力をいただきました。深く、深く感謝しております。

これらの方々以外にも、本当に沢山の方に助けられて、現在の私とミツイ水産があります。生きることも、会社を運営して行くことも、多くの〝縁〟が繋がってはじめてうまくいくということを、これら心ある方々から教えていただきました。

皆様、今まで多大なご支援をいただき、本当に有難うございました。私自身も、世の為、人の為に少しでもお役に立てることを行い、ご恩をお返ししていけるよう、これからも精進いたします。

最後に、弊社が掲げているビジョンを紹介いたします。

――人類史において、科学の発展と繁栄が、大自然との共存に成功した時、文明は先進国たる資格を得る事になり、その行為が徳高き文明人としての証と考えます。

この「科学と自然の共存」という点が極めて重要です。事実、人間は数えきれないほどの発明をして文明を築きましたが、その多くは地球規模でみると害でしかないものです。例えば、核問題による放射能汚染、石油などの化石燃料によるCO2問題、マイクロプラスチックのような化学製品による環境問題などです。

人間が便利で快適な生活を求めれば求めるほど、地球はダメージを受けていきます。そしてそのツケは必ず我々自身に跳ね返ってくるのです。発明そのものは良いことですが、せめて自然の中で循環する再生システムも同時に生み出すことが必要。これを備えたものが〝真の発明〟といえるのではないでしょうか。さもなくば、今起こっている不都合な問題を、全て次の世代に背負わせてしまうことになるのです。

政治の世界についても、同様のことが言えます。世界は、核兵器や軍事設備に多大な投資をして奇妙な均衡を保っていますが、このままで良いのでしょうか。その軍事費を環境保護のために使ったならば、人間をはじめ全ての生き物がどれだけ生きやすい環境に生まれ変われるのか。そこに文明が気付く時、人類は地球と共に本当の繁栄を遂げることができるのかもしれません。
お金儲けに偏った資本主義や、武力によって成立しているいびつな世界平和を、〝大調和〟という新たな理念で純化する世界が開かれることを切に望みます。

令和2年8月

ミツイ水産株式会社　代表取締役社長　伊藤吉成

追記　～新型コロナウイルスと戦う漁業の現場～

　これを書いている令和2年4月現在、世界中が新型コロナウイルスの影響で大きく様変わりしています。

　感染者は日々増え続け、経済は停滞し、政治も混乱を極めています。そんな状況の中でこの本を出版するということには、何か大きな意味がある様に感じています。

　ここ数ヵ月で、私たち庶民の生活は大きな打撃を受け、食品環境も日を追うごとに質を落とすようになりました。外食に出られない現状はもちろんですが、高級料理店やホテル、旅館などにおける寒い季節の風物詩・フグ料理も例外ではなく、今では、ほとんどの料理店が自粛の波に飲まれ、店の存続も危ぶまれている状況です。

　市井《しせい》の事業者は、今後の運営が見通せなくなってしまいました。つい最近まで叫ばれていた人手不足も一変し、日々解雇される人が増え続けています。

市場に目を向けると、スーパーの食材が売れ、コンビニや宅配に購買が集まり、ドライブスルーに車が列を成すという風景が広がり始めました。水産業の産地は青息吐息です。とにかく高級魚が売れません。田舎の漁村で獲れた高級魚を使ってくれるのは都市部の高級料亭や寿司店ですが、軒並み店を自粛してしまったからです。出荷する飛行機も便数が削られ荷物が積める環境ですらないのです。

養殖魚のタイ、ハマチ、カンパチ、マグロ、そしてフグなどは、物流に変化が生じて水揚げが少なくなり、産地の生け簀が張り、次の稚魚の池入れも資金の問題などがあって、安値でも動かない現状に、支払いと仕入れ資金、運営資金などの問題が重なっています。

餌の問題もあります。現在、養殖魚の餌は、アンチョビー（イワシの仲間）が中心です。このアンチョビーを加工して魚粉原料にし、炭水化物などの栄養剤と混ぜて固形のペレットを作り、さらに生餌と混ぜてモイストの餌を作ります。最高の餌原料です。

そのアンチョビーは、ペルー沖で大部分が漁獲されます。しかし今年は漁模様が芳しくなく、それに追い打ちをかけて現地の漁業者がコロナウイルス問題で減少しているのです。

これは、由々しき大問題です。備蓄がある間はなんとかなりますが、餌代がこれ以上高騰すると生産者の負担は限界に達します。

国の動きが遅い事もあり、ギリギリで経営してきた生産者は生きる術を失っていっています。しかし、産地は国の食糧庫であって、本来は何よりも大切にしなければならないのです。

これは日本だけでなく、世界規模の問題です。日本は国外から安い食料を輸入していますが、今後は自国の食糧自給率をもっと上げなければなりません。諸外国も同様です。これまでのように、食料や生産品が入ってくる保証がないのです。日本としては自国で食糧生産を確保するために、養殖のタイ、ハマチ、カンパチ、フグ他を太らせた成魚を、商売というより〝食料〟として扱わなければなりません。

養殖魚は規格外になると市場では無視されることが多いのが実情ですが、国は、規格外に大きくなった成魚も重要なたんぱく源と捉え、今まで以上の単価で取り引きできるよう指導して頂きたい。食べる魚は大きければ大きいほど、消費者も有り難いはずです。

産地を無駄死にさせることがない様に、必死で守ってもらいたい。そして、外国からの輸入ばかりを当てにしない環境経済を構築する必要があります。今がまさに、資源の活用を再検討するべき時なのです。

日本の漁業が、経済が、そして社会がこのような現状にあるため、コロナ問題の終息を考えて、フグの肝食文化を「希望の食材」とするきっかけを作りたい。そして、この本がその役割を務めてくれるはずだと、私は考えております。今だからこそ、より多くの方に現状を知っていただき、そして私達水産加工業に携わる者たちが威信を賭けて世に打ち出すために、この一冊を起爆剤と致します。

ふぐを使った面白いレシピがいっぱい!!
創作料理本
〈和・洋・中・エスニック〉
宮崎調理製菓専門学校の先生方
常盤学園の生徒さんたち
九州調理師専門学校の生徒さんたち
考案
料理学校の先生方・生徒さんたち考案のふぐを使ったレシピ集です!
和・洋・中・エスニックなどレパートリーも豊富で、
サラダ、スープ、ごはんもの、揚げ物、炒め物、デザートと
いろいろ揃っています。
日本食の王家と言われる「ふぐ料理」は変化を求めて進化し続ける！
ヒントがいっぱいつまってます！
第1号
なんと全部で
82種
ミツイ水産株式会社
※あくまでもご参考としてお使いください。

ふぐ料理本Vol.1～Vol.4

ミツイ水産では、一年に一度調理養成学校様にて「フグ」を高級食材として提供させていただいており、先生や生徒さん達に「フグ」を使った創作レシピを作っていただいております。フグは日本の食文化の代々培われて来た「業」に位置するレベルの高級食材であり、世界に向けても今後ヘルシー食材としても大変必要になる料理法です。
その食材を提供することで若い調理人の皆さんに将来残さなければならないフグ料理を活かした仕事を選ばれ、食文化を守る調理人さんを増やす意味があると判断し企画をいたしました。

これはミツイ水産が、ポスターやホームページ、冊子の表紙などに掲載しているフグの広報イメージ画像です。「フグは日の丸を背負った国魚である」という意味も込め、昇る太陽に見立てたフグの孔雀盛の真っ赤な大皿、天孫降臨の地・高千穂の風景、日本を象徴する富士の山を配しています。さらに、バックに従えた地球には、日本から世界に発信する食文化という大きな可能性も託されているのです。

【企　画】
伊藤 吉成（いとう よしなり）
ミツイ水産株式会社　代表取締役社長

昭和35年宮崎県生まれ。17歳で料理人を志し寿司店に入る。その後、和食店、割烹料理店などで修行を重ねるかたわら、水産加工・流通の現場で経営を学び、平成３年にミツイ水産を立ち上げる。以来、伝統ある日本の食文化を正しく継承することを目的に、国内外を問わず活動中。趣味は渓流釣り、山歩き、神社仏閣巡り。

これまでの人生で何度か、命の危機に遭遇。17歳の時は、友人と大型バイク乗車中に時速140キロで衝突事故に遭う。また、18歳の時には従兄弟と川で遊泳中に水難事故、27歳の時にも仕事の部下と磯釣りの最中に海へ転落し溺死寸前の事故に遭うが、いずれも生還した。このような“命の境界線”を何度となく経験し、あの世の世界（天国）や霊界、神といった森羅万象を、実体験として知る。他にも様々な経験を経て、人生や世界の見方を大きく変えていった。

今はこうした体験をもとに、いのちや自然に感謝する心、及び人と人との絆を大切にする心を人生の根幹に置きつつ、日々を送っている。

《SPECIAL THANKS》
株式会社インデックス・アド
代表取締役　**部坂 建一**

ライター　**浮辺 剛志**

毎年、高千穂神社で開催している
「ふぐ供養祭」にて。
後藤宮司（手前）と伊藤吉成（後ろ）

【監　修】
ミツイ水産株式会社
〒 889-0511 宮崎県延岡市松原町 1 丁目 4-3
TEL:0982-23-8787　URL:http://mitsui-suisan.co.jp

【漫　画】
松本　康史（まつもと やすふみ）
1977 年生まれ。アシスタントを経て秋田書店など商業誌で連載。映画「バクマン」本編のオリジナルマンガ（劇中マンガ）の作画他も担当。
『対馬の歴史偉人マンガシリーズ②〜④』『田中吉政　天下人を支えた田中一族』（共に梓書院）他

【制　作】
㈱梓書院

フグ革命《かくめい》！フグが日本《にほん》の未来《みらい》を変《か》える
フグに魅《み》せられた男《おとこ》・伊藤吉成《いとうよしなり》の挑戦《ちょうせん》

令和 2 年 9 月 30 日発行

監　　修　ミツイ水産㈱
漫　　画　松本康史
発 行 者　田村志朗
発 行 所　㈱梓書院
〒 812-0044 福岡市博多区千代 3 丁目 2-1
tel 092-643-7075　fax 092-643-7095

印刷製本／亜細亜印刷㈱

ISBN978-4-87035-681-8